中国地质科学院年报

2010

中国地质科学院　编

地质出版社

·北　京·

内容提要

本书客观记录了中国地质科学院2010年度科技工作进展、重要科技活动、代表性研究成果、重点实验室建设、国际合作交流、研究生培养教育等情况，良好地展示了中国地质科学院2010年度改革发展成就。

本书可供从事地球科学研究、国土资源科技管理的工作人员及相关专业的高校师生、研究生参阅。

图书在版编目（CIP）数据

中国地质科学院年报．2010／中国地质科学院编．
—北京：地质出版社，2011．11
ISBN 978-7-116-07458-3

Ⅰ．①中… Ⅱ．①中… Ⅲ．①地质学－研究－中国－2010－年报 Ⅳ．①P5-54

中国版本图书馆CIP数据核字（2011）第231360号

ZHONGGUO DIZHI KEXUEYUAN NIANBAO 2010

责任编辑：祁向雷　郁秀荣
责任校对：张　冬
出版发行：地质出版社
社址邮编：北京海淀区学院路31号，100083
电　　话：(010) 82324519（办公室）；(010) 82324577（编辑室）
网　　址：http://www.gph.com.cn
电子邮箱：zbs@gph.com.cn
传　　真：(010) 82310759
装帧设计：北京博雅思企划有限公司
印　　刷：北京天成印务有限责任公司
开　　本：889mm×1194mm　1/16
印　　张：9.25
字　　数：250千字
印　　数：1—1300册
版　　次：2011年11月北京第1版
印　　次：2011年11月北京第1次印刷
定　　价：68.00元
书　　号：ISBN 978-7-116-07458-3

《中国地质科学院年报》

编 委 会

序言

2010 年，是中国地质科学院认真总结“十一五”，精心谋划“十二五”的重要一年。在国土资源部、中国地质调查局党组的领导、关心和支持下，中国地质科学院坚持解放思想、转变观念，围绕着立足国内增强资源保障能力这一中心工作，努力发挥科技优势，在科技创新、地质调查、服务减灾防灾、科技体制改革、领导班子建设、人才培养、内外部环境改善、国际合作交流、重点实验室建设等方面都取得了明显成效，较好地完成了各项年度任务目标。尤其是以王小烈书记为班长的新一届领导班子，通过内外部调研，理清发展思路、聚焦发展重点、破解发展难题、探索发展模式，明确工作任务、确定发展目标，得到国土资源部党组、中国地质调查局党组的肯定，为再创中国地质科学院的辉煌奠定了基础。

2010 年全院共承担各类科技项目 1086 项，年度科技项目总经费达 7.9 亿元，比 2009 年增长 45.5%，其中，国家科技项目经费、地质调查项目经费、横向项目经费分别占年度经费总量的 49.5%、41.6%、8.9%。地质找矿取得新的突破，基础研究取得新的成果。两项 973 项目正式启动，深部探测专项等一批科研和地调项目进展顺利，在新理论、新技术、新方法指导找矿实践，技术方法和仪器研制方面填补了多项国内空白，并取得了显著的社会经济效益；积极投入玉树抗震救灾、抗旱找水、重大工程地质调查、多目标地球化学调查成果集成服务，支撑服务社会经济发展，对地质找矿和国土资源管理的引领、支撑、服务作用进一步增强；1∶2500 万世界海洋矿产资源图项目和 1∶500 万国际亚洲地质图项目的进展顺利，以裴荣富院士为首席科学家编制“1∶1000 万亚洲成矿图”的项目申请获得世界地质图委员会批准，对外交流合作不断扩大，国际影响力进一步提升。

全年共有 160 项科技成果正式通过了评审验收，包括国家科技项目 28 项，地质调查项目 25 项，其他科技项目 107 项。全年共发表论文 801 篇，包括 SCI 与 EI 检索期刊论文 161 篇，国内核心期刊论文 497 篇；出版专著 29 部。获国家发明专利 1 项，实用新型专利 5 项。全院获得各类科技奖励 16 项，其中 2010 年度国家技术发明奖二等奖 1 项，2010 年度国土资源科技奖一等奖 4 项、二等奖 8 项（分别含参加 1 项），其他省部级奖一等奖、二等奖 3 项。中国地质科学院 2010 年度十大科技进展，代表了全院年度科技进步的亮点，从一个侧面折射了我国地质科技发展的水平。1 人获中国科协“全国优秀科技工作者”称号，1 人获“全国科普工作先进工作者”称号，1 人获第五届黄汲清青年地质科学

院党委书记、副院长王小烈（中），常务副院长朱立新（右二），副院长董树文（左二），
副院长王瑞江（右一），纪委书记王洁（左一）

技术奖，2 人获中国地质学会第十二届青年地质科技奖。在国土资源系统“十一五”援藏工作表彰中，4 个单位（部门）获先进集体、4 人获先进个人称号；2 个科研团队获“十一五”国家科技计划执行优秀团队奖；1 人获全国先进工作者称号；5 人获第四批“国土资源部优秀青年科技人才”称号。

谨以此年报客观记录和展示中国地质科学院 2010 年的重要活动和工作成效，向国家和社会提供和反馈信息，接受监督，并作为翻开中国地质科学院改革发展新一页的标志。我们信心满怀地展望 2011 年，希望能够为实现“十二五”工作的新跨越开好局、起好步。

党委书记、副院长

常务副院长

副院长

副院长

纪委书记

目录 Contents

序言

中国地质科学院
CAGS
Chinese Academy of Geological Sciences

院领导班子任职及改革发展调研

院领导班子得到加强，部局领导寄予厚望

2010年9月30日，中国地质科学院领导班子成员任职宣布大会在京举行。国土资源部党组书记、部长徐绍史出席会议并作重要讲话，国土资源部副部长汪民主持了会议。汪民副部长宣读了部党组关于王小烈等3人职务任免的决定，任命王小烈为中国地质科学院党委书记、副院长，主持全面工作，张陟不再担任中国地质科学院党委书记，任命王瑞江为中国地质科学院副院长。至此，在国土资源部、中国地质调查局党组的关心和支持下，中国地质科学院领导班子得到了健全和加强，为中国地质科学院开创新局面奠定了领导基础。

党委书记王小烈作为新班子的班长在发言中表示，一定不辜负部党组的信任，在前任班子工作的基础上，通过加强学习、搞好团结，以开拓创新、严于律己、立党为公的精神，与班子成员一起，奋力拼搏，把中国地质科学院建成科技引领的基地、科技支持的平台科技创新的摇篮，为开创地质科技事业的新局面再立新功。

中国地质科学院领导班子成员任职宣布大会

常务副院长朱立新，副院长董树文、王瑞江，纪委书记王洁等班子成员也分别发言，大家感谢部、局党组对中国地质科学院工作的重视，坚决拥护部党组的决定，将支持、配合好以王小烈为班长的新班子的工作，做好本职工作，发挥好作用，团结一致、共同努力，把中国地质科学院建设成为国际一流的科研机构。

徐绍史部长在听完了新领导班子成员发言后作了重要讲话，对中国地质科学院新一届领导班子如何加强班子建设，更好地发挥中国地质科学院在地质找矿工作中的引领和支撑作用提出了明确要求：一是要强化班子，带好队伍，建设好中国地质科学院；二是中国地质科学院要为地质找矿和地质科技进步作出新贡献；三是新班子要深入调研，听取意见，谋划未来。国土资源部副部长兼中国地质调查局局长汪民要求新班子进一步树立为广大专家学者做好服务的理念，着力搭建平台，解决重大共性问题，抓好重大项目管理，建设好中国地质科学院。

出席会议的领导还有国土资源部人事司张陟司长、李贵东处长，中国地质调查局副局长钟自然，局人教部赵奇主任、包永东处长，老领导赵文津院士。现任院领导班子成员及院属京区领导班子成员，院机关的全体职工参加了大会。

徐绍史部长发表重要讲话

新任党委书记、副院长王小烈发言

部、局领导与新班子成员合影（前排自左至右：钟自然副局长，汪民副部长，徐绍史部长，张陟司长）

新班子开展调研，为中国地质科学院改革发展谋篇布局

新一届领导班子以强烈的责任感和使命感迅速行动，贯彻落实徐绍史部长和汪民副部长在中国地质科学院领导班子任职宣布大会上讲话精神，精心组织调研活动，理清中国地质科学院改革发展思路，做好向部、局党组的工作汇报，为中国地质科学院再造辉煌谋篇布局。

（一）落实指示，摸清情况，形成改革发展汇报材料

院党委印发了“关于认真学习贯彻国土资源部领导重要讲话精神的通知”，号召全院迅速传达学习，并开展“我为发展建言献策”活动。院成立了以王小烈书记为组长的调研组，围绕中国地质科学院改革发展主题，拟定了10个方面的调研提纲；连续召开了院士座谈会、各所领导班子工作汇报会、专家和科技人员以及中层干部座谈会；走访不同部门的公益类科研机构。通过调研，深入了解了院所基本现状和同类公益性科研机构发展动态，倾听广大科技人员的心声，梳理影响发展的关键问题，明确中国地质科学院改革发展的重点和方向。通过调研和讨论，结合贯彻落实部全面推进地质找矿新机制座谈会精神，在不到两个月的时间内，形成了《中国地质科学院改革发展工作汇报》和《中国地质科学院“十二五”科技发展规划（讨论稿）》、《中国地质科学院“三五八”科技攻关计划（讨论稿）》；提出了中国地质科学院中长期发展的思路、发展目标和保障措施，基本勾勒出中国地质科学院“十二五”和今后一段时间的发展蓝图，为中国地质科学院树立新形象，推动地质科技事业跨越式发展奠定了基础。

（二）理清思路，精心谋划“十二五”发展目标

院党委通过研究，认为中国地质科学院改革正处于攻坚阶段，发展进入关键时期，院“十二五”科技工作要立足国际地球科学发展前沿，面向国家资源环境重大需求，引领资源能源勘查突破，支撑服务找矿突破战略行动和国家公益性地质工作，为国家社会经济可持续发展作出新贡献。

1. 指导思想

以科学发展观为统领，遵循“自主创新、重点跨越、支撑发展、引领未来”的科技工作方针，树立“科技立院、创新兴院、人才强院”的发展理念，站在全局和战略的高度，深化科技体制改革，优化学科结构，加强科技创新。紧紧围绕着社会经济发展对资源、环境的重大需求，围绕“三五八”宏伟目标，配合找矿突破战略行动，实施“引领–支撑”发展战略，为科学保障资源供应、科学保护国土环境提供科技支撑；全力开展全球气候变化的地学研究，推动地球系统科学的建立和发展，提高保护地质环境和地质灾害预警及防治的能力，全面支撑国土资源事业发展和地质调查工作；加强人才队伍建设，改善科研基础条件，营造宽松的科研环境，更加有效地服务政府决策、服务社会和公众。

2. 发展思路

做好今后中国地质科学院的改革发展工作，必须从我国现实国情出发，认真分析资源环境面临的新问题、新情况，准确把握科技发展的机遇与挑战。着力把握好以下几个方面：

一是把科技工作的发展方向与国家经济社会发展的需求结合起来，实现科学发展。坚持以国家重大战略需求为导向，把突破能源、资源环境的瓶颈制约放在突出位置，促进科技工作引领经济社会全面协调可持续发展。

二是把单位的目标任务与推动和实现“三五八”宏伟目标结合起来。地质科技作为地质找矿的第一生产力，必须在引领和支撑地质找矿重大突破中予以体现，必须在国土环境安全保障上得以彰显。

三是把承担地质调查任务与增强自主创新能力结合起来，促进调查与研究相结合，充分发挥科研单位的科技优势，通过承担地质调查任务中基础性、方向性、全局性、关键性的重大科技问题，组织多学科、多专业、多技术方法联合攻关，促进科学研究深化，进而增强自主创新的能力。

四是把组织实施大项目与培养人才结合起来，促进出成果、出人才。组织实施大项目，是实现地质找矿突破的重要抓手。只有依托大项目，组建相对稳定的人才团队，长期坚持地质调查和科学研究的融合，才能有效地促进学科带头人和领军人才的成长。

五是把推动科技发展与深化改革结合起来，增强发展动力。破解科技发展难题，体制机制是关键，必须不断地创新体制、机制，抓住科技发展中的突出问题，进一步消除制约科技创新的体制性、机制性障碍，以改革促发展。

3. 发展目标

发挥整体科技优势，组织实施国家重大科技项目与地质调查重大项目，发展地球科学理论与现代地质科技；组织实施地质找矿科技攻关，支撑引领地质找矿重大突破。建设具有国际先进水平的创新研究平台，显著改善科研环境，完善管理体制和运行机制，培养优秀科研团队与高端科技人才，大幅度提高整体科技实力，成为国家创新体系的重要力量，迈入世界一流综合性地学科研机构行列。

“十二五”期间，要做到科技竞争力显著增强，科研环境明显改观，创新平台建设与引进人才有突破性进展，对国土资源事业支撑服务能力大幅提升，对实现地质找矿“三五八”宏伟目标的科技引领和支撑作用发挥显著，各项事业全面协调发展。“十二五”重点发展目标是：

- **科技引领目标：**积极投入找矿突破战略行动，组织实施重大科技计划，引领地质找矿重大突破与地质科技发展方向，显著提高科技创新能力，为矿产资源勘查与开发利用、油气资源勘探突破、国土环境保护、地质灾害防治提供科技支撑。国际化程度持续提升，在世界地学科研机构学科竞争力综合排名提高10个名次。

- **创新成果目标：**精心组织技术力量，开展创新研究与科技攻关，取得具有重大影响的重要研究成果；科技成果产出逐年提升，发表论著每年增加10%，“十二五”期间国际期刊发表论文数量比“十一五”翻一番；国家科技奖申报实现新突破，确保获得国家科技进步奖一等奖2项，争取获得国家科技进步奖特等奖1项，实现“保2争1”目标。

- **人才培养目标：**人才队伍建设取得重要进展，在优势学科领域推出2名中国科学院院士或中国工程院院士，培养引进5名世界顶尖科技人才，培养造就50名学科领军人才，培养推出100名中青年杰出人才，形成导向清晰、结构合理、运作规范、数量充足、服务高效、充满活力的科技人才队伍。

- **能力建设目标：**面向国家需求和学科发展需要，采用现代先进的技术方法，建设2个科学研究基地、3个国际研究中心、8个地质调查业务研究中心、5个国家重点实验室和后备基地、7个重要野外观测系统，显著提高我国地球科学创新能力。

（三）积极沟通汇报，营造良好的外部环境

中国地质科学院班子先后向部、局党组做了汇报，得到了肯定和大力支持。11月24日上午汪民局长主持召开第18次局党组会议，听取了中国地质科学院改革发展工作汇报，参会的汪民局长、钟自然副局长、王学龙副局长、李金发副局长、李广湧纪检组长听取了中国地质科学院改革发展工作汇报后提出了意见。12月27日，国土资源部部长、党组书记，国家土地总督察徐绍史主持召开了专题会议，听取中国地质科学院改革发展工作汇报。部领导肯定了中国地质科学院提出的改革发展思路、中长期发展目标、保障措施，并对有关问题进行了研究、提出了意见，同时交给中国地质科学院班子一个新的任务，要求中国地质科学院重点就“准确定位、理顺关系、深化改革”进行调研，拿出可操作的方案。

2010年11月24日中国地质调查局第18次党组会议
听取中国地质科学院改革发展工作汇报

经过向部、局党组的两次汇报，部党组支持中国地质科学院引进人才工作试点工作，要求拿出方案上报部，并对诸如基地建设、重大项目实施等工作提出了指导意见。中国地质调查局党组为加强中国地质科学院工作，决定中国地质科学院党委书记列席局党组会议，及时反映和研究中国地质科学院工作。在院京区科研基地建设和租赁工作用房上，中国地质调查局也给予了大力支持。为了强化中国地质科学院对地调项目的管理，中国地质调查局已同意在院机关成立地调项目管理办公室，统一管理院属单位的地调项目。这些措施有力地支持了中国地质科学院的工作，为中国地质科学院改革发展创造了良好的外部条件。

2 人员结构与经济状况

中国地质科学院目前由院部、地质研究所、矿产资源研究所、地质力学研究所、水文地质环境地质研究所、地球物理地球化学勘查研究所、岩溶地质研究所、国家地质实验测试中心等8个事业单位组成，拥有8个部级重点实验室和6个院级重点开放实验室，设有研究生部与博士后流动站。联合国教科文组织国际岩溶研究中心、中国国际地球科学计划全国委员会秘书处、世界数据中心中国地质学科数据中心、国际地质科学联合会地质遗产北京办公室等国际地学组织及中国地质学会秘书处、李四光地质科学奖基金会、全国地层委员会挂靠在中国地质科学院。

人员结构

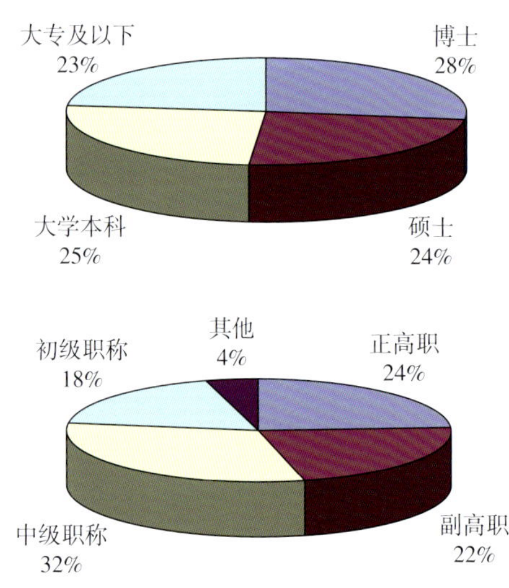

中国地质科学院2010年人员结构统计分布图

中国地质科学院2010年人员编制数为2753人。2010年末实有人数3287人，包括在职职工1681人、离退休人员1606人。全院在职职工中具有本科以上学历的有1084人，占在职人员总数的65%；具有硕士以上学位的有672人，占在职人员总数的40%。在职职工中专业技术人员1227人，其中具有高级职称的有565人，占专业技术人员的46%。专业技术人员中包括：两院院士14人，研究员及教授级高工292人，副研究员及高级工程师273人，中级职称人员382人，初级职称人员225人。专业技术人员中，有博士334人，硕士298人，本科309人，大专及以下286人，形成了以博士和硕士为主体、创新能力强、高层次人才密集的地质科技队伍。全院非营利性科研机构编制1000人。在职职工中，有45人享受国务院政府特殊津贴，9人获得过国家级有突出贡献的中青年专家称号；有国家“百千万人才工程”的国家级层次人选13人，6人获得过“国家杰出青年科学基金”资助；有40人进入“国土资源部百名科技创新人才”，32人在国际学术组织中任职。

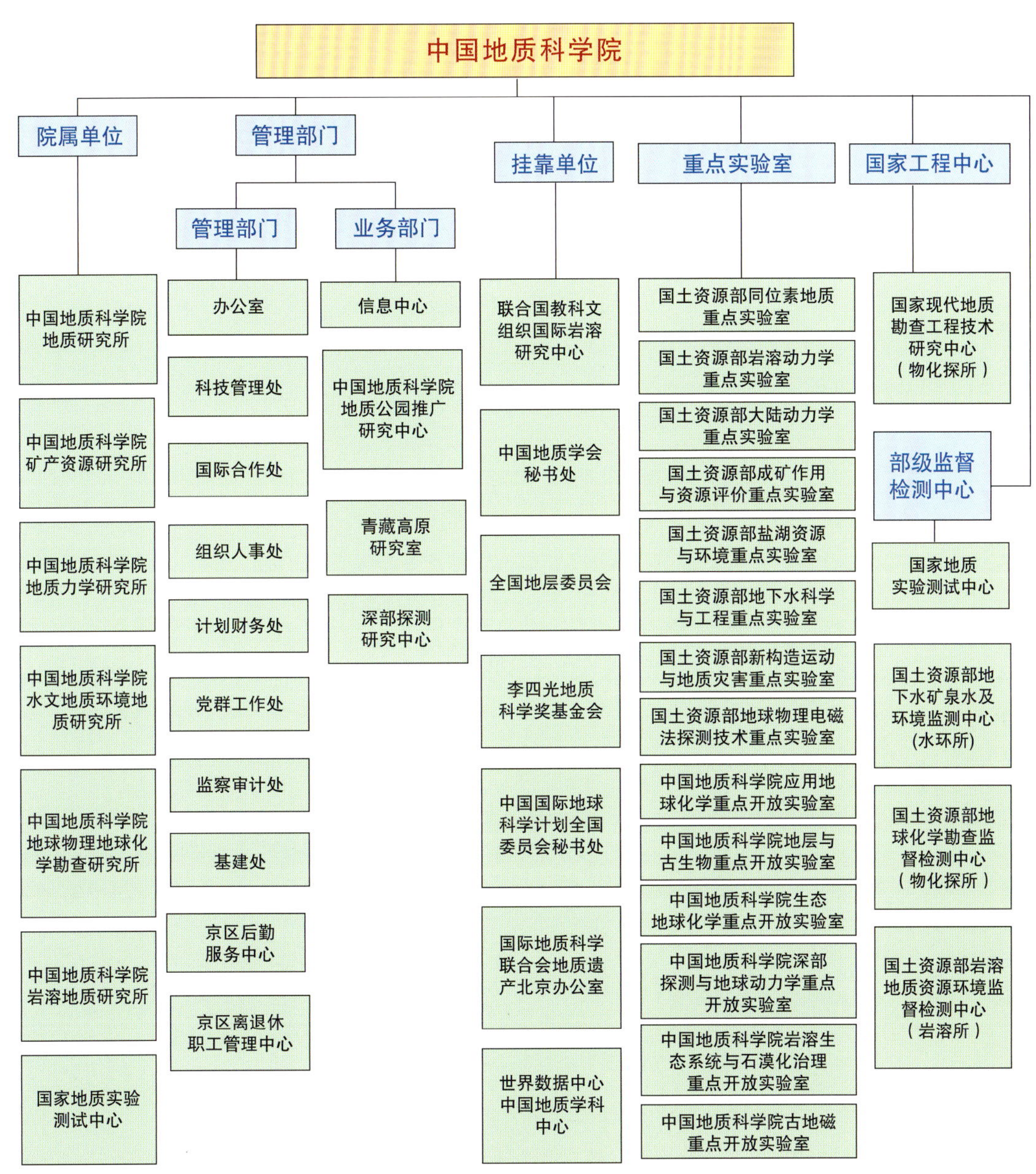

经济状况与项目经费

2010年全院经济运行情况良好，2010年实现总收入12.01亿元，比2009年的10.21亿元增长了17.63%；事业费增加至2.12亿元，比2009年的1.84亿元增长了15.22%。2006~2010年的修缮购置专项资金为3.048亿元，其中2006年度为8900万元，2007年度为2215万元，2008年度为5375万元，2009年度为6584万元，2010年度为7409万元，主要用于仪器设备购置与升级改造，基础设施改造及房屋修缮。通过修缮购置专项资金，大幅度改善了科研环境条件，购置大批具有国际先进水平的大型成套仪器设备，显著提升了全院科技综合实力。

2010年，全院共承担各类科技项目1086项，年度科技项目总经费达7.90亿元。其中，国家科技项目经费3.91亿元，占年度经费总额的49.5%；地质调查项目经费3.28亿元，占年度经费总额的41.6%；横向项目经费0.71亿元，占年度经费总额的8.9%。2010年全院科技项目经费比2009年增长45.5%，其中行业科技专项（含深部探测专项）经费增长0.98亿元，地质调查项目经费增长1.14亿元。国家科技项目经费比例与2009年基本持平（由49.9%略减为49.5%），地质调查项目经费比例由2009年的39.4%增至2010年的41.6%，横向项目经费比例由2009年的10.7%降至2010年的8.9%。标志基础研究和理论创新的国家自然科学基金项目经费比2009年度增长了26.8%。

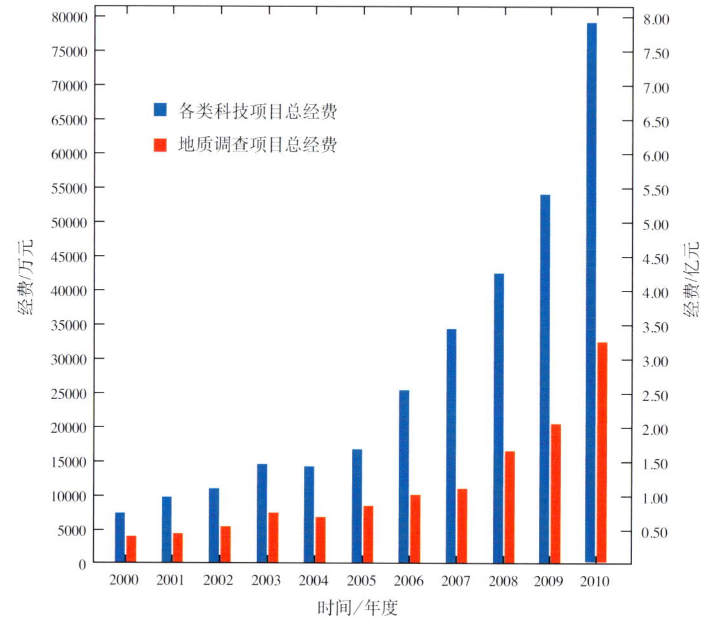

中国地质科学院年度科技项目经费对比图

中国地质科学院院部

中国地质科学院（简称地科院）院部设有办公室、科技管理处、国际合作处、组织人事处、计划财务处、党群工作处、监察审计处、基建处等8个职能处室；京区离退休职工管理中心、京区后勤服务中心等2个中心；信息中心、地质公园推广研究中心、深部探测研究中心、青藏高原研究室等4个业务部门；建有中国地质科学院研究生部和2个博士后科研流动站；主办地球科学综合性学术期刊《地球学报》。

截至2010年底，中国地质科学院院部职工总数为414人，包括在职职工167人、离退休人员247人；在职职工具有本科以上学历的75人，具有硕士以上学位的27人。在职职工包括专业技术人员65人，其中两院院士2人，研究员及教授级高工7人，副研究员及高级工程师24人，中级职称人员12人，初级职称人员13人。专业技术人员中，有博士8人、硕士17人、本科23人、大专及以下17人。

年度重要科技项目进展和成果

深部探测技术与实验研究进展与管理：为落实《国务院关于加强地质工作的决定》（国发[2006]4号文）关于实施《地壳探测工程》的部署精神，2008年10月国家启动了“深部探测技术与实验研究专项”（英文简写SinoProbe），作为《地壳探测工程》的培育性启动计划，由国土资源部管理，中国地质科学院组织实施。专项总体目标和核心任务是为《地壳探测工程》做好关键技术准备，研制深部探测关键仪器装备，解决关键探测技术难点与核心技术集成，形成对固体地球深部层圈立体探测的技术体系；在不同景观、复杂矿集区、含油气盆地深层、

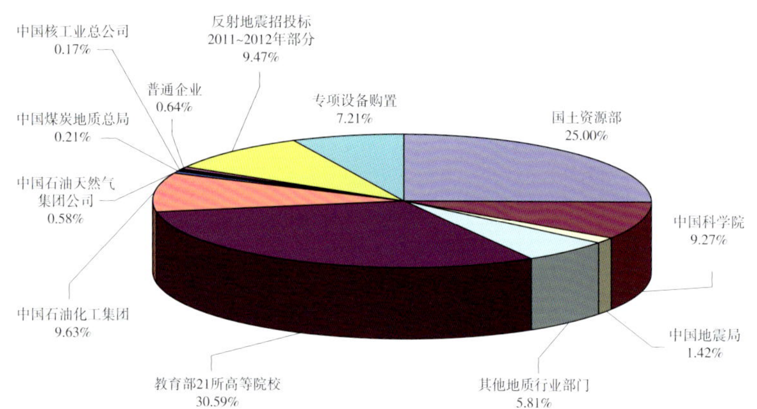

承担深部探测研究任务5年总预算部门分配比例

重大地质灾害区等关键地带进行实验、示范，形成若干深部探测实验基地；解决急迫的重大地质科学难题热点，部署实验任务；实现深部数据融合与共享，建立深部数据管理系统；积聚优秀人才，形成若干技术体系的研究团队；完善《地壳探测工程》设计方案，推动国家立项。专项负责人为董树文研究员。

2009～2010年项目先后启动九大项目49个课题，包括项目一：大陆电磁参数标准网实验研究；项目二：深部探测技术实验与集成；项目三：深部矿产资源立体探测及实验研究；项目四：地壳全元素探测技术与实验示范；项目五：大陆科学钻探选址与钻探实验；项目六：地应力测量与监测技术实验研究；项目七：岩石圈三维结构与动力学数值模拟；项目八：深部探测综合集成与数据管理；项目九：深部探测关键仪器装备研制与实验。项目和课题承担单位包括中国地质科学院及地质研究所、矿产资源研究所、地球物理地球化学勘查研究所、地质力学研究所，中国地质科学院勘探技术研究所，中国地质大学（北京）、中国地质大学（武汉），中国科学院研究生院、中国科学院地质与地球物理研究所、中国科学院遥感应用研究所，中国地震局地壳应力研究所，吉林大学，中南大学，长安大学，安徽省国土资源厅等单位。2009～2010年参加专项探测与实验研究的科技人员约1000人，包括院士11人、研究员（教授）200余人、副研究员（副教授）150余人、工程师（讲师）100余人及博士、博士后与研究生150余人，来自国内不同部门共100多个单位，组成技术力量雄厚、学科专业齐全、人员分工明确、年龄结构合理、国内地学领域规模最大的科研团队。

国土资源部组织召开深部探测技术与实验研究专项进展情况汇报会

2010年7月15日，国土资源部组织召开深部探测技术与实验研究专项进展情况汇报会。国土资源部、财政部、科技部、教育部、中国科学院、中国地震局和国家自然科学基金委等有关部门的领导或代表，有关方面的院士、专家，听取了专项进展情况汇报。会上，科技部基础司彭以祺副司长指出，专项在技术方法上要敢于创新，第九项目的增设很有必要。财政部教科文司项贤春处长，专项是科研组织方式的一种创新，更多地体现了国家需求的驱动。国土资源部负小苏副部长提出4点要求：第一，一定要紧紧围绕深部地质找矿，突出重点，做好深部探测实验和技术储备。第二，要不断地研究、总结、分析、深化，集成以深部找矿为重点、满足地壳多学科探测需要的可操作的、系统的技术体系，落实深部探测装备（特别是与深部找矿有关的重点仪器设备）的研发和生产，进一步完善与强化地球深部探测国家重点实验室建设，集聚高端人才，培养技术骨干，为地壳探测工程奠定良好的基础。第三，在认真研究、切实确认的前提下，加大以油气为重点的新的资源成矿区的工作力度和经费投入，使深部探测专项能有大突破、大发现，为解决我国当前矿产资源紧缺与社会经济发展之间的矛盾作出贡献。第四，一定要严格项目管理，切实加强专项资金的监管，定期与不定期地检查资金使用和管理情况。

2010 年 12 月 7 ~ 18 日，深部探测技术与实验研究专项在美国地球物理年会（AGU）上成功举办中国深部探测（T27-SinoProbe）专题学术会议。会议由专项负责人董树文研究员、专家委员会主任李廷栋院士、斯坦福大学 Simon Klemperer 教授、密苏里大学 Liu Mian 教授共同主持，16 位中外专家做了学术报告，30 余位专家进行了展讲，受到高度关注。美国斯坦福大学 Simon Klemperer 教授总结时指出："在 AGU 这个国际平台上第一次幸运地聆听了 SinoProbe 综合成果，SinoProbe 已经如美国 EarthScope 计划那样给地球物理探测新技术注入巨大的投资，这将给中国科学的发展注入动力"。国际著名地球物理和地震学家、美国地质调查局 Walter Mooney 博士认为，中国深部探测专项（SinoProbe）是继加拿大岩石圈探测计划（LithoProbe）和美国地球透镜计划（EarthScope）之后，国际地球科学领域启动的又一伟大的地球深部探测计划。会议期间，美国科学基金会大陆动力学计划主任 L. Johnson 教授约董树文研究员会谈合作，美国很多大学地球物理学家和地质学家表达了希望参加中国深部探测合作研究的意愿，一批中国留学生表达意愿希望回国参加专项深部探测与实验研究。

李廷栋院士、董树文研究员与 Simon Klemperer 主持 SinoProbe 专题报告会

董树文研究员与美国科学基金会L . Johnson 会谈合作，美方 W. Mooney, S. Klemperer, Liu Mian 等参加会谈

美国 IRIS 主席 David Simpson 参观 SinoProbe 展区并与高锐讨论深部探测技术

课题负责人孙枢院士做课题研究说明

课题执行负责人董树文研究员汇报课题成果

李廷栋院士主持验收会

地质工作发展战略研究：为国土资源可持续发展战略研究项目课题之一，由中国地质科学院和中国地质调查局发展研究中心负责，孙枢院士、马宗晋院士、赵鹏大院士担任课题负责人，董树文研究员、姜建军研究员、谭永杰研究员为课题执行负责人。

课题对全球和我国地质工作态势进行了宏观判断，深刻分析了全球地质工作和我国地质工作的现状与态势，提出了全球地质工作正处于大变革时期，地质工作进入到宽需求驱动的时代。我国地质工作仍然处于资源环境并重发展阶段，地质工作体制改革处于进行之中，新的体制尚未建立。这些基本判断为重新定位我国地质工作和制定发展战略提供了科学依据。课题论述了“大地质”概念，并赋予其新的时空范畴，提出了“科学保障资源供给”和“科学保护国土环境”的理念，系统提出了支撑引领国土资源可持续发展的地质工作发展战略，提出了2020年建立地质工作新体制、2030年实现地学强国和2050年建成地质强国的战略目标。课题设计了未来地质工作六大核心任务：①地质调查的“双保障、三并重”战略；②地质科技“两大体系、四深领域”引领战略；③地质教育“创新”发展战略；④地质信息“社会化”战略；⑤“国家保障到市场保障”的商业性地质工作发展战略；⑥地质工作统筹部署战略。同时，提出了实施地壳探测科学工程、国家立体填图计划、国土利用安全工程等，为我国地质工作发展确定了目标任务和重点领域。

验收会会场

月球地质遥测信息综合分析研究：属地质调查工作项目，负责人赵文津院士。项目2010年完成的主要工作及重要进展如下：

（1）翻译"New Views of the Moon"（中文译名《月球新观》）一书，约120万字，基本完成大部分翻译稿的校对工作，待整理图件后将正式出版。《月球新观》系美国和欧洲几十位行星科学家的力作，科学家们系统分析了克莱门汀（1994）与月球勘探者（1998）轨道探测遥感数据、6次阿波罗载人登月勘查数据、月岩样品及月球陨石的实验室分析数据，通过计算机模拟及综合研究，提出了对月球结构构造及月球形成演化的新认识，可作为人类进一步开展探月与行星研究的新起点。书中还提出了今后开展行星研究的基本工作方法及行星资源开发设想，是几十年研究经验的总结和提高，具有很高的参考和学习价值。

（2）项目成员刘敦一研究员、吴珍汉研究员与博士研究生杨宏伟2010年3月参加了美国休斯敦"第41届月球与行星科学大会"，刘敦一研究员在大会上报告了月岩锆石测年成果，受到与会专家的高度关注；杨宏伟作了展板报告，并获得由NASA-LPI月球与行星研究所颁发的"2010 LPI职业发展奖"。会后吴珍汉研究员与杨宏伟博士应邀访问了华盛顿大学，巩固和加强了中国地质科学院与华盛顿大学的国际科技合作关系。

项目成员与参加第41届月球与行星科学大会的部分华人学者合影

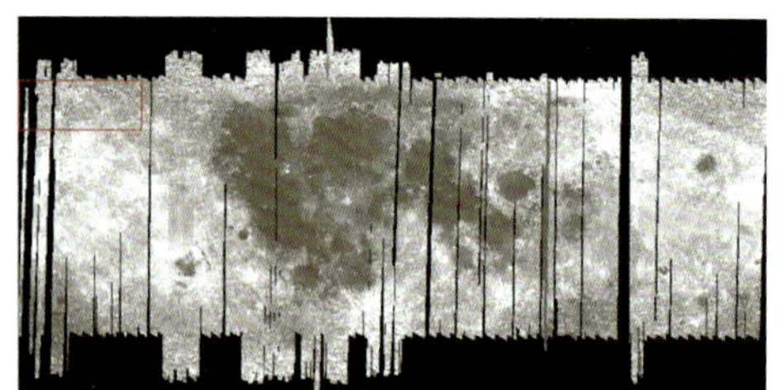

嫦娥 1 号月表成像光谱数据镶嵌图

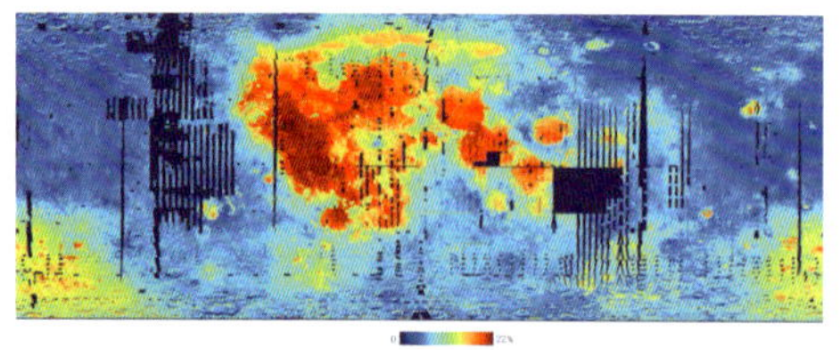

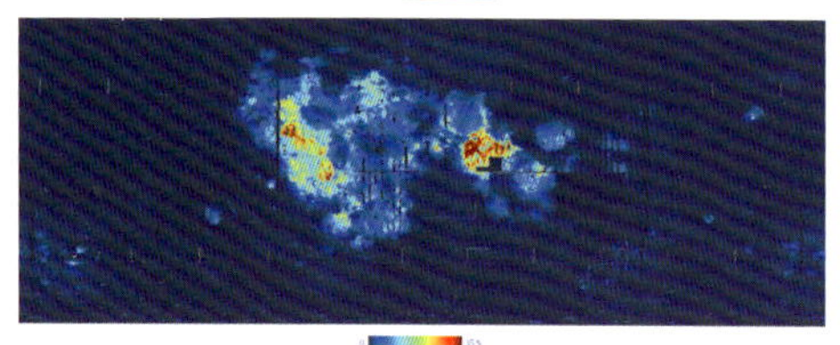

利用 Clementine UV/VIS 数据建立月球表面 FeO（上）和 TiO_2（下）含量分布图

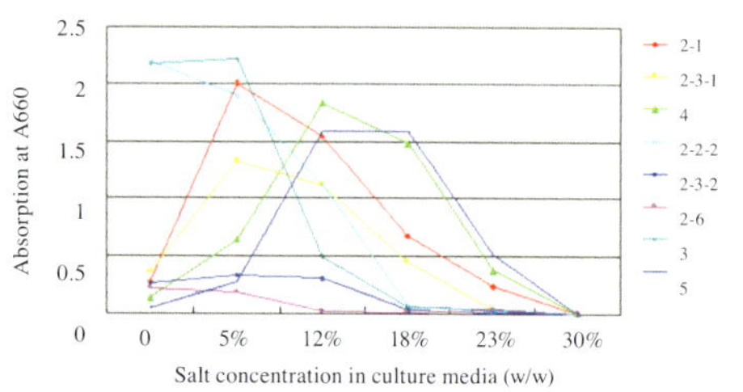

嗜盐菌对不同盐度的反应

（3）项目系统研究了美国 6 次阿波罗登月（其中 A-17 上一名航天员为地质学家）调查研究成果，写成“载人登月与地学研究”一文（约 15000 字），成为中方选择载人登月计划科学目标研究的部分成果。

（4）编辑探月论文集，包括 25 篇文章；对 2009 年 6 月在北京召开的“月球与地学科学研讨会”的会议摘要进行了整理加工，将会议最新的国际国内研究成果整理成册，方便今后广大科学工作者进行交流和讨论。

（5）利用嫦娥 1 号、Clementine 数据得到月球影像、月表元素和矿物分布图，初步建立了探月基本数据处理流程，并概略分析月表物质成分。

项目还开展了分离的嗜盐菌对盐度等极端环境条件下的生存及代谢特征研究，研究结果在美国 2010 年天体生物学大会上进行了交流。开展月球微型钻机关键技术的研究，借鉴国外（俄罗斯、乌克兰）月面微型钻机技术提出月球表面取样系统的总体设计方案或思路，相继完成月球取样钻机钻进能力与动力源的确定、月表钻进方法的选择、取样钻具参数的确定和结构的设计、样品的采集、封装和转移系统设计。搜集了 LRO，LCROSS 等月球最新任务卫星轨道数据，正在申请嫦娥 2 号探测数据，整理各种国外月球和火星卫星遥感等成果图片；计划建立行星数据库，方便今后交流使用。

其他相关工作进展包括：①参与深空探测 7 次立项论证会，加强了与国内相关部门的合作交流；②地质研究所编图组承担了中国科学院月球地质图编图任务；③参加中国地质调查局探月研究计划编制与立项论证工作，强调利用国内外探月数据开展月球科学研究，开展了月球和火星试验场的规划研究工作。

2010 年 8 月，赵文津院士参加教育部深空探测联合研究中心学术委员会第一次会议

地质科学数据集成及服务系统: 属地质调查工作项目，负责人为戴爱德研究员和王月粉助理研究员，隶属于地质调查数据集成与共享服务平台建设计划项目。项目通过对中国地质科学院已有数据资源及公开发表的文献资料进行集成、整合改造，初步形成具有一定规模的、标准化的地质科学数据库群，岩溶地质的“一张图”试点取得重要进展，更新完善了地质科学数据服务平台，面向各类用户提供地质科学数据的 7×24 小时网络共享服务。

项目 2010 年度主要数据整合成果包括：岩溶地质数据库（数据现势性到 2009 年底，包括岩溶洞穴、岩溶天坑、岩溶地下河、北方岩溶大泉、典型岩溶地貌景观等 5 个数据子集）、国家地质公园数据库的更新，新增第五批国家地质公园（数据现势性到 2009 年底）、中国岩石地层名称辞典库（数据现势性到 2009 年底）。另外包括 5 个离线服务的地质数据产品：大陆科学钻探岩心扫描图像数据集（2006 版）、水文地质图系列数据产品（2009 版）、岩溶地质数据产品（2010 版）、地质公园数据产品（2009 版）、岩石地层名称辞典库数据产品（2009 版）。

地质科学数据服务平台

国家地质公园数据库在线服务

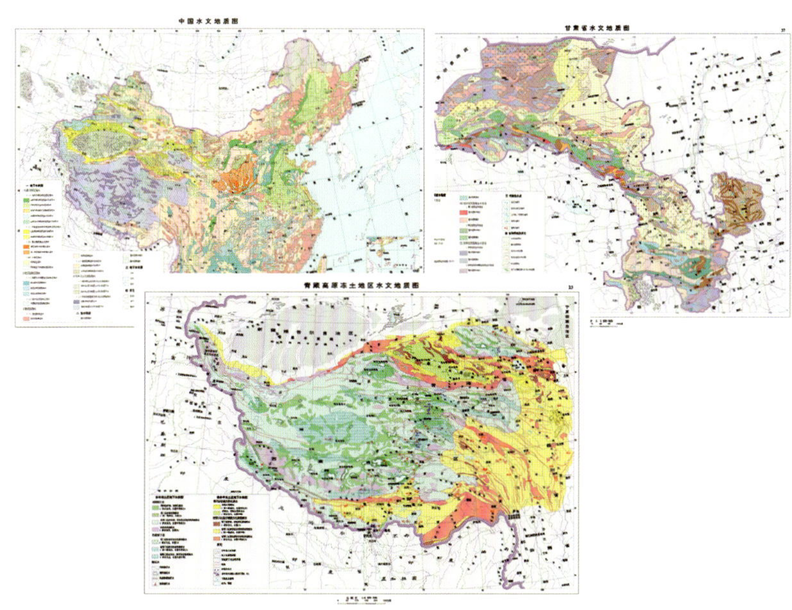
数字化的中国水文地质图

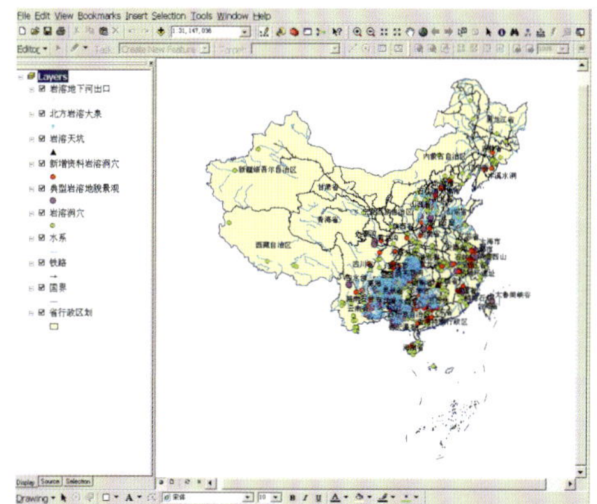
岩溶地质数据库的“一张图”

中国主要断代地层建阶研究: 属地质调查工作项目，承担单位中国地质科学院和全国地层委员会，负责人王泽九研究员和黄枝高研究员。项目通过多学科和多技术手段的综合研究，建立和完善我国自震旦系至第四系各断代年代地层系统，逐步建立起适应于我国地层发育特点的地层划分、对比标准（含陆相沉积区），并将我国有优势的阶（统）及界线层型推向国际，争取成为全球的“金钉子”（GSSP）。从而为我国地质调查、地质科研和地质教学服务，并推进我国地层学的深入研究和与国际地层学研究接轨。中国地质调查局组织专家对项目进行了评审验收，项目成果被评为优秀级。

中国二叠系吴家坪阶底界等 4 条全球界线层型剖面研究: 属地质调查工作项目，负责人为王泽九研究员、姚建新研究员、黄枝高研究员。项目对国际地层委员会和国际地质科学联合会批准确立的中国 7 颗“金钉子”（GSSP）剖面，包括湖南花垣排碧上寒武统下部排碧阶底界的 GSSP、广西来宾蓬莱滩上二叠统下部吴家坪阶底界的 GSSP、浙江长兴煤山上二叠统长兴阶底界的 GSSP、湖北宜昌王家湾上奥陶统顶部赫南特阶底界的 GSSP、湖北宜昌黄花场中 / 下奥陶统界线即大坪阶底界 GSSP、湖南古丈罗依溪中寒武统古丈阶底界 GSSP，开展了深入的后续研究，并在层型标准地点建立永久标志物，对剖面进行定期修整和有效保护，以更好地满足国内外研究的需要和与国际接轨。项目顺利通过中国地质调查局组织的评审验收，项目成果被评定为优秀级。

中国地质科学院地质研究所

中国地质科学院地质研究所2010年承担各类科研项目总经费16020万元，其中矿产资源补偿费项目4630万元，深部探测专项5045万元，公益性行业科研专项1138万元，自然科学基金项目1140万元，基本科研业务费专项351万元，汶川地震断裂带科学钻探专项1258万元，其他科技项目经费2458余万元。2010年度总收入2.03亿元。

截至2010年底，地质研究所在职职工203人，包括中国科学院院士5人、正高级职称63人、副高级职称43人，有博士学位101人，硕士学位20人。内设机构现有4个职能处室、10个专业研究室、2个部级重点实验室、2个院级重点实验室，全国地质编图委员会、中国地质调查局地层与古生物中心、1种公开出版物《岩石矿物学杂志》和7个学术机构挂靠在地质所。领导班子成员由4人组成，所长、党委书记侯增谦，副所长耿元生、高锦曦，党委副书记、纪委书记沈琳。2010年12月24日由中国地质调查局党组宣布，任命卢民杰为地质研究所副所长，同时免去耿元生同志副所长职务，办理退休。

所长兼党委书记侯增谦（左二），副所长耿元生（左一），副所长高锦曦（右二），党委副书记兼纪委书记沈琳（右一）

2010 年地质研究所科技产出形势喜人，“青藏高原地体拼合、碰撞造山及隆升机制”获国土资源科学技术奖一等奖，“中国花岗岩重大地质问题研究”及“扬子地台西缘变质基底演化”2 项科研成果获国土资源科学技术奖二等奖，获得 3 项国家发明专利。以第一作者身份公开发表论文 153 篇，其中 SCI、EI 检索刊物论文 56 篇（在国外期刊发表的论文 21 篇），核心期刊论文 97 篇。出版专著 4 部。

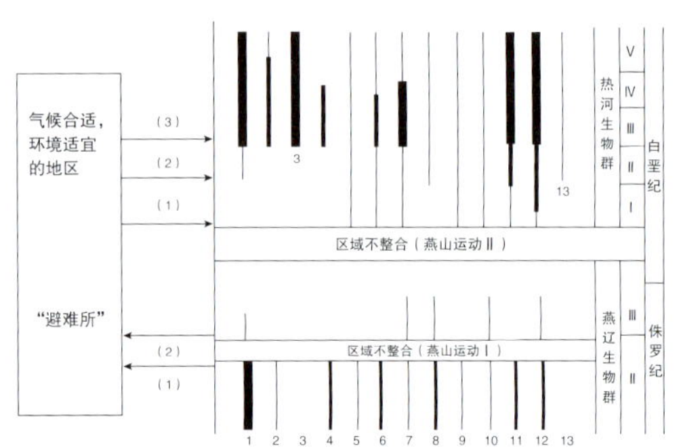

冀北–辽西地区中侏罗世 — 早白垩世生物群演化与更替的“避难所”模式图

1 — 爬行动物；2 — 哺乳动物；3 — 鸟类；4 — 两栖类；5 — 鱼类；6 — 昆虫；7 — 叶肢介；8 — 介形虫；9 — 双壳类；10 — 腹足类；11 — 蕨类植物；12 — 裸子植物；13 — 被子植物

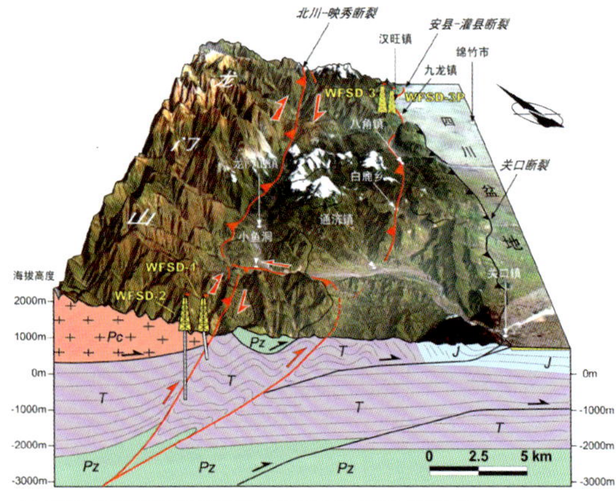

汶川地震断裂带三维示意图及科学钻探位置

年度重要科技项目进展和成果

白垩纪地球表层系统重大地质事件与温室气候变化研究：属科技部项目、国家 973 项目所属研究课题，负责人季强研究员。首次提出了生物群演化和更替的“避难所”模式，认为区域构造运动（燕山运动）并不能真正导致生物群的灭绝，早白垩世早 — 中期发生的生物群更替在性质上并不是“灭绝”与“复苏”的关系，而是“消亡”与“复苏”的关系。燕山运动之后，冀北–辽西地区的地理环境与先前相比明显不同，由原亚热带干热气候逐渐变为温凉、湿润气候，生态环境得以恢复，各种生物又重新回到该区，裸子植物和蕨类植物得以蓬勃发展，并出现少量原始被子植物，生物门类发展到 20 多个，形成多姿多彩的生态系统和稳定的食物链结构。

汶川地震断裂带科学钻探项目：属国家科技专项，首席科学家许志琴、课题负责人李海兵。汶川地震断裂带科学钻探是世界上最快回应大地震的地震断裂科学钻探。确定 WFSD-1 中 590m 为映秀–北川地震主断裂面的地下位置，断层泥 7m，汶川地震造成的断层泥 2cm 厚；发现 20 余条古地震断裂带；发现流体异常与余震的相关关系；地应力测量确定映秀–北川地震断裂为逆冲–右行走滑断裂；揭示彭灌杂岩为无根体，对隧道流的观点提出了挑战。

西藏晚中生代生物群序列和海—陆相地层对比研究：属地质调查项目，项目负责人季强研究员。建立了藏南地区侏罗系—白垩系界线层的岩石地层序列，新建了一个岩石地层单位——柔扎组，代表侏罗纪末期由海平面突然下降引起的缺氧事件，与当时全球温室气候事件、大西洋与太平洋打通时期以及碳循环转折事件相一致；识别出 3 个菊石带；对藏南地区 9 个实测剖面桑秀组火山岩进行了 SHRIMP U-Pb 测年，获得了两组比较可靠的年龄值 141 ~ 142Ma 与 137 ~ 138Ma，这两组测年数据具有年代地层学意义。

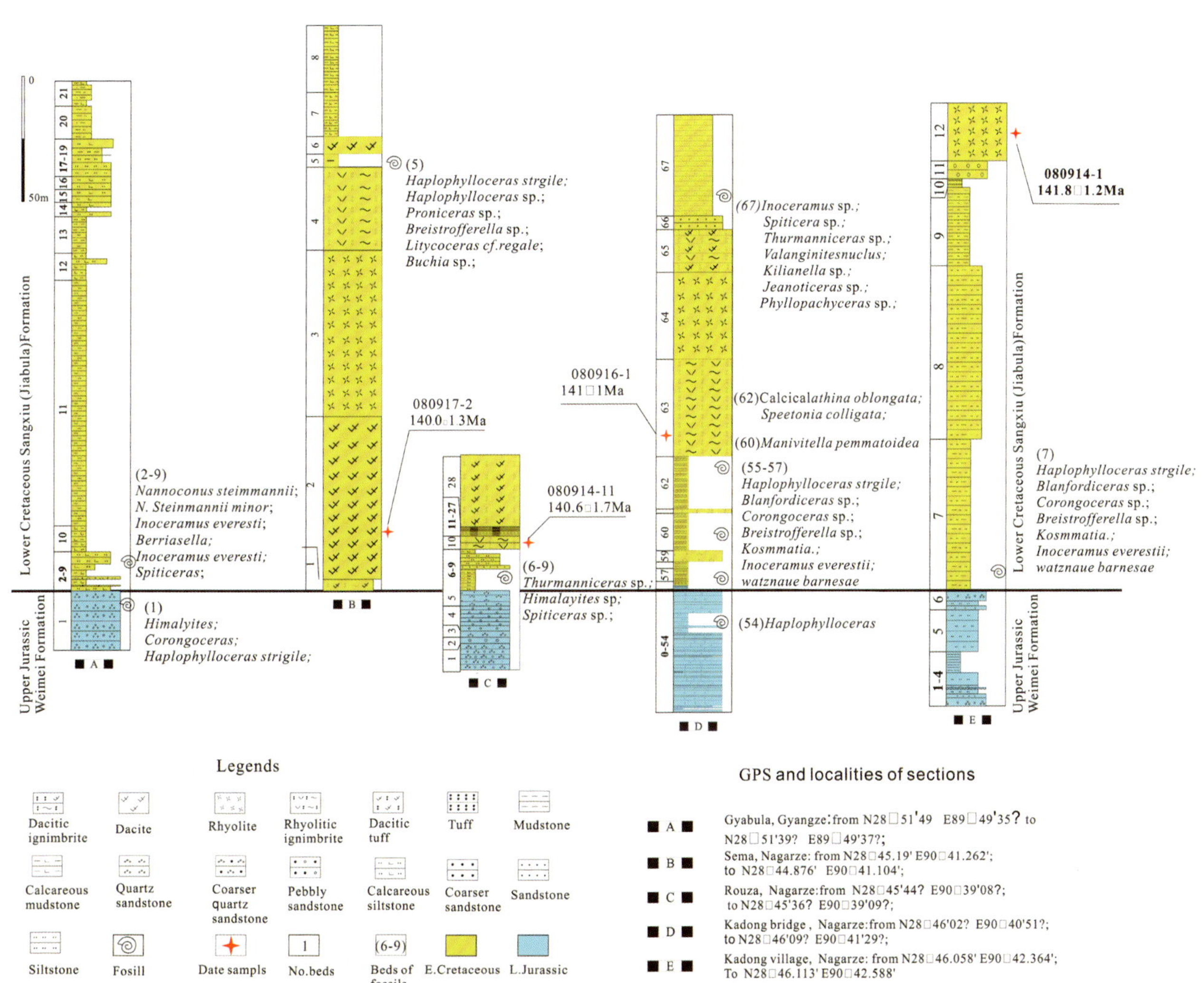

藏南江孜—浪卡子地区海相 K/J 界线生物地层和年代地层

磷灰石（U–Th）/He 同位素定年技术研究：属地质调查项目，负责人陈文研究员。建立了稀释剂法和非稀释剂法等离子体质谱准确测量磷灰石样品中 ^{238}U、^{232}Th 含量的实验流程；破解了磷灰石中 He 扩散参数的求解方法；标定了 $^{3}He/^{4}He$ 比值标样——His-1 锂辉石标样的 ^{4}He 含量，并对其 ^{4}He 含量进行了均匀性研究，为将其研制成为 ^{4}He 含量标准物质奠定了基础；利用现有的 GV Helix MC 多接收器稀有气体质谱仪成功开发了准确测量磷灰石样品中 ^{4}He 含量的测试技术，并建立了可靠的实验流程，获得了一批实际地质样品的磷灰石（U-Th）/He 同位素年龄，建成了我国第一家能够独立开展（U-Th）/He 同位素定年的实验室。

中亚–里海地区油气地质综合研究与区域优选：为国土资源部油气中心专项，课题负责人游国庆研究员。对中亚–里海地区的地质背景、石油地质条件以及油气资源潜力进行了深入的研究，对区内 12 个主要含油气盆地的油气地质特征和油气分布规律进行了全面的分析，优选了有利油气勘探目标区；对6个国家政治制度、人文环境、油气资源管理体制、地缘政治与税费政策、对外合作关系等投资环境进行了重点研究，筛选了油气资源投资环境较好的国家。这项研究为我国制定油气资源战略和能源外交政策提供了依据。

中国地质科学院矿产资源研究所

中国地质科学院矿产资源研究所2010年共承担国家级、省部级、横向和其他类科研项目211项，总经费2.91亿元，其中外拨经费1.18亿元。其中，国家级项目90项，国土资源大调查项目47项，部级项目94项，横向项目20项。以矿产资源研究所为第一单位发表的国际SCI论文8篇、国内SCI论文22篇、EI论文3篇、核心期刊论文72篇；出版专著6部，获国家技术发明奖二等奖1项、国土资源科学技术奖一等奖1项、国土资源科学技术奖二等奖3项；获得发明专利1项。曹殿华、王安建的国家发明专利“位场多方向多尺度边缘检测方法”获第十二届中国专利优秀奖。矿产资源研究所获科技部“十一五”国家科技计划执行突出贡献奖，刘成林研究员获全国优秀科技工作者称号，王登红研究员获黄汲清青年地质科学技术奖，张作衡和卢振权分别获中国地质学会青年地质科技奖金锤奖和银锤奖。毛景文研究员当选为国际矿床成因协会主席（2012～2016）。

所长兼党委书记王瑞江（中），副所长兼党委副书记，纪委书记张佳文（右二），副所长毛景文（左二），副所长王宗起（右一），副所长邢树文（左一）

年度重要科技项目进展和成果

全国矿产资源潜力评价：属地质矿产调查评价专项重点计划项目，2010年列入部“十二五”工作部署重点，项目的各项工作扎实推进，取得重大进展，获得了一批重要成果。截至2010年底，全面完成全国30个省（自治区、直辖市）的1∶25万实际材料图（687幅）和建造构造图（730幅）的编制及空间数据库建设，以及重力、磁测、化探、遥感、自然重砂等基础地质编图和数据库建设工作。全面完成全国铁、铝资源潜力评价，预测资源量成果提供给全国铁、铝矿产勘查工作部署和国土资源部矿政管理“一张图”工程使用；完成省级煤炭、铜、铅、锌、钨、锑、稀土、金、钾、磷和全国铀矿等11个矿种的预测区圈定、优选和资源量估算。阶段性成果转化应用凸显巨大的社会经济效益，包括圈定的一批整装勘查区和重要找矿远景区在编制全国地质矿产保障工程、“十二五”地质矿产勘查规划部署和找矿突破战略行动计划中得到充分应用；直接应用于地方规划编制中；直接应用于找矿实践中，取得一系列重大找矿突破。成矿地质理论和技术方法创新不断涌现，正式启动潜力评价人才培养计划，总结了开展地质找矿大项目工作的重要经验和工作新机制。

全国矿产资源潜力评价2010年度工作会议圆满召开

汪民副部长检阅潜力评价阶段性成果

全国项目办组织全国铁、铝潜力评价成果验收

全国铁矿预测成果图

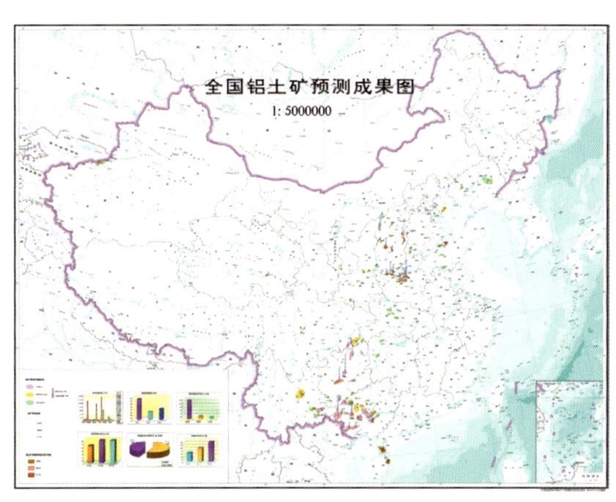

全国铝土矿预测成果图

全国矿产资源利用现状调查：系国土资源部开展的矿情三项调查之一，于2007年启动。项目由中国地质科学院矿产资源研究所承担，全国31个省（自治区、直辖市）矿政管理部门、油气、铀相关行业参加，项目办公室设在矿产资源研究所。

截至2010年底，工作取得重大进展：组织核查队伍超过910支，参加人员达12339名，累计投入经费19.95亿元（中央财政4.1亿元，地方匹配经费超15亿元），完成28个计划矿种共21600个核查矿区的野外核查，68.2%的矿区核查成果通过评审验收，完成16个主要矿种全国初步汇总。取得的初步成果有：①超额完成21600个矿区的核查任务，为今后储量管理和矿山开发奠定了新的资料基础：完成28个矿种21600个核查矿区，超过计划的20%；各省新增自选矿种，扩展了工作任务；收集整理矿区各类储量报告10万份；绘制各类技术图件50万份；编制矿区核查报告21600份。②建立了21600个核查矿区的空间数据库，编制了矿区5类电子图件，为全方位服务于储量管理、矿山生产、矿山安全、环境治理等奠定了坚实的信息平台。③初步完成16个矿种核查成果的全国汇总，摸清了资源家底，为资源勘查开发决策和合理配置提供了科学依据。④理清了资源储量和利用状况空间分布，提高了资源管理的科学性和有效性。⑤系统清理了资源储量管理中矿区交叉、重叠、定义混乱现象，已消耗资源储量长期挂账、未上表资源储量、矿区勘查报告错算误算以及漏报误报，全国储量表和省级储量表部分数据不一致，共伴生矿核销、核实报告不实，开发利用数据虚报瞒报等遗留的一些历史问题，为改革储量管理体制机制奠定了基础。⑥形成一批新的认识：如稀土资源储量“双向”重大变化，应从战略高度重视；煤炭资

全国矿产资源利用现状调查工作座谈会会场

全国矿产资源利用现状调查第二次技术委员会会议会场

八矿种利用现状调查省级单矿种汇总成果汇报会会场

源保障重点是提高勘查程度，应调整开发布局；铁矿石、铝土矿等大宗矿产亟待从资源合理配置角度提高供应能力；保护锑、钨资源，大力加强找矿勘查等。

同位素分析和定年技术取得新进展：矿产资源研究所同位素实验室在国家自然科学基金、公益行业科研专项、地质调查项目、基本业务费专项资金等多个研究项目的支持下，近5年来通过深入研究，开发建立了10余种同位素分析和定年新方法，推动了我国同位素地球化学的发展：

(1) 建立了我国第一个硝酸盐氮、氧同位素和氧同位素非质量效应（Δ170）分析方法，分析精度分别为0.18‰、0.13‰和0.065‰，达到国际先进水平。在国际上首次在新疆吐-哈内陆盆地超大型硝酸盐矿床中发现了明显的氧同位素非质量分馏效应，为硝酸盐矿床的大气沉积成因提供了可靠证据。

(2) 研究建立了LA－MC－ICPMS锆石微区U－Pb定年和Hf同位素分析方法。采用25μm斑束，对5个锆石标准的$^{206}Pb/^{238}U$年龄测定误差均在1%（2σ）以内；在8～10μm高分辨率条件下，$^{206}Pb/^{238}U$加权平均年龄误差均小于1.2%（2σ），测试精度达到国际同类实验室先进水平，所得锆石年龄和$^{176}Hf/^{177}Hf$原子比率在误差范围内与推荐值或文献值完全一致，为精确测定成岩成矿年龄和壳幔演化研究提供了有力支撑，为地质科研和地质调查提供了大量高质量数据。

(3) 首次在国内建立了LA－MC－ICPMS微区原位B同位素分析方法和碳酸盐矿物的微区原位Sr同位素分析方法。富硼矿物的微区B同位素分析精度优于1‰，达到国际先进水平，测得的硼同位素参考物质的$^{11}B/^{10}B$原子比率在误差范围内与文献值完全一致，为利用B、Sr同位素精细刻画成岩成矿过程提供了可靠手段。

(4) 建立了高精度非传统同位素Cu、Zn和Li的分析法。$\delta^{65}Cu$、$\delta^{66}Zn$和$\delta^{7}Li$分析精度分别为0.08‰（2SD, N=32），0.05‰（2SD, N=26）和0.31‰～0.47‰，达到国际同类实验室先进水平。对Cu、Zn和Li同位素参考物质进行了对比测量，分析结果与报道值在误差范围内完全一致。为直接利用成矿物质同位素组成示踪成矿物质来源和板块俯冲、壳幔相互作用开辟了一条新的途径。

(5) 采用氟化技术在国内建立了第一个硫酸盐和磷酸盐的氧同位素分析方法，分析精度均优于0.2‰，为利用硫酸盐矿物和磷酸盐矿物开展成岩成矿和气候环境研究提供了有效方法，为开展硫酸盐的氧同位素非质量分馏效应提供了有力支持。采用金属铬还原法，建立了微量水和有机质快速高精度氢同位素分析方法。

发表相关论文10篇，其中SCI论文3篇，出版专著1部。

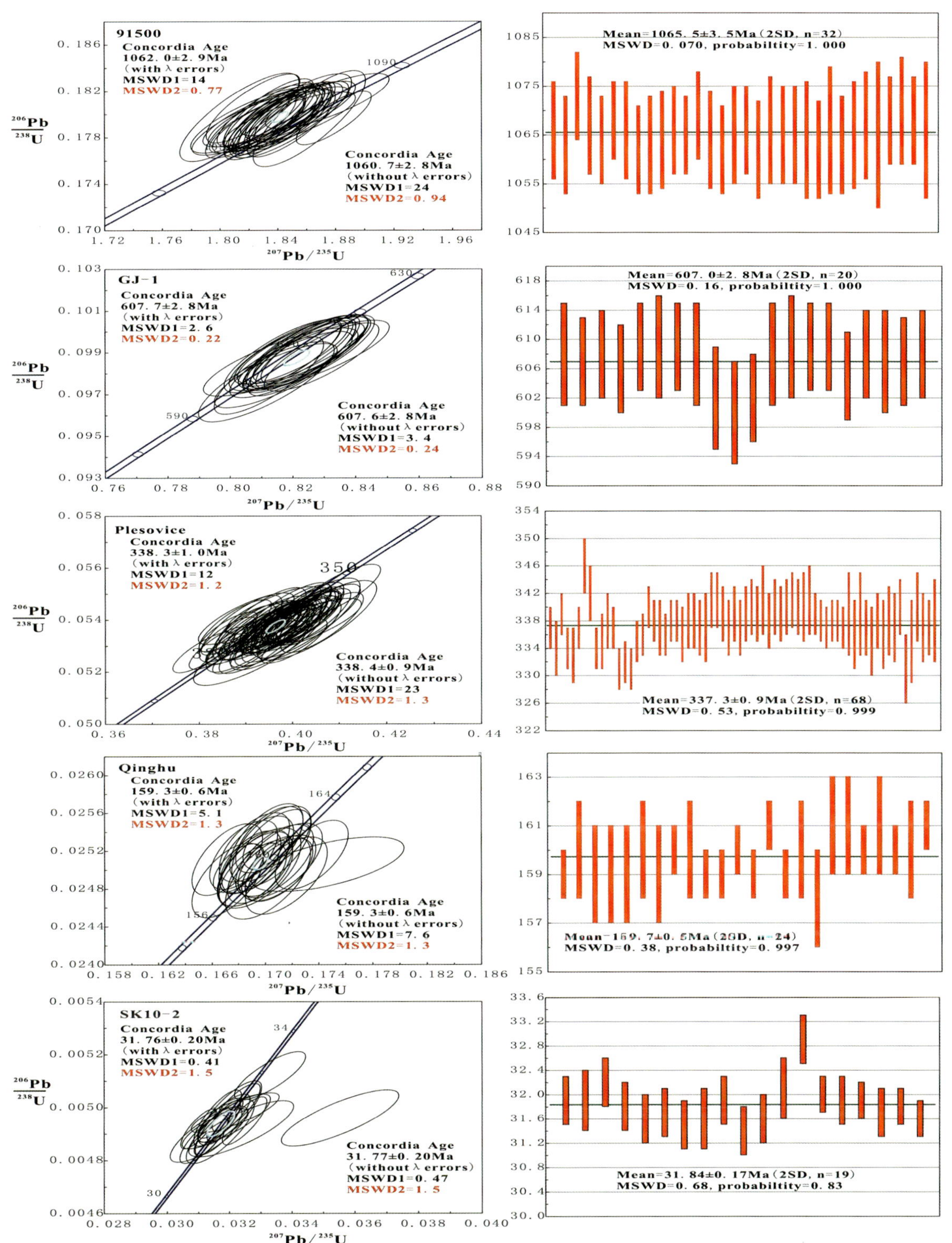

LA-MC-ICPMS 锆石微区 U-Pb 定年结果

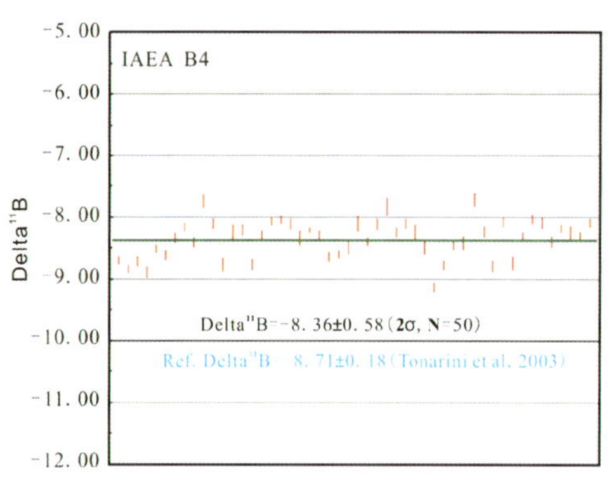

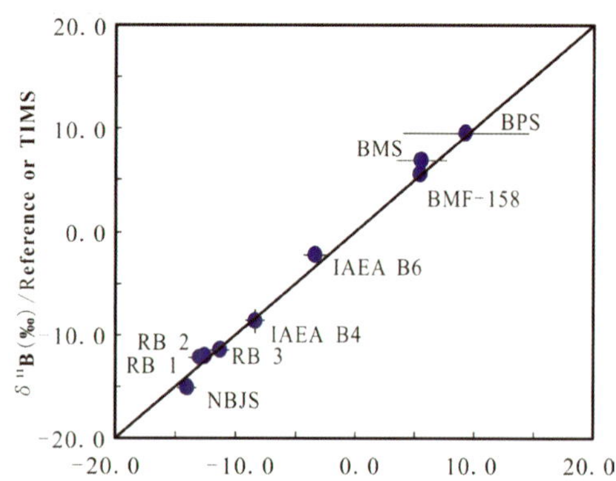

LA-MC-ICPMS 微区硼同位素分析结果

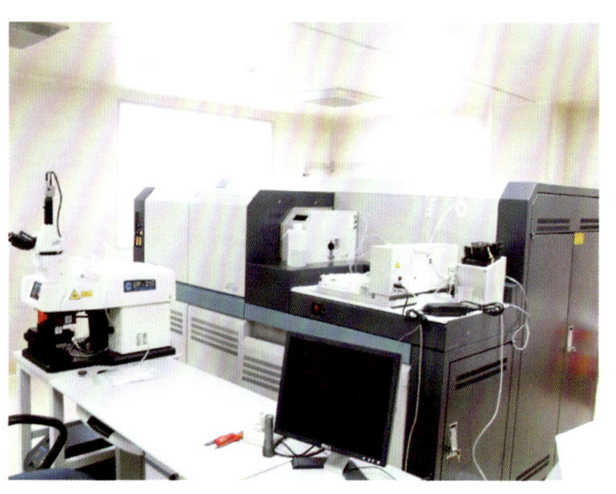

NEPTUNE 型激光多接收等离子体质谱仪

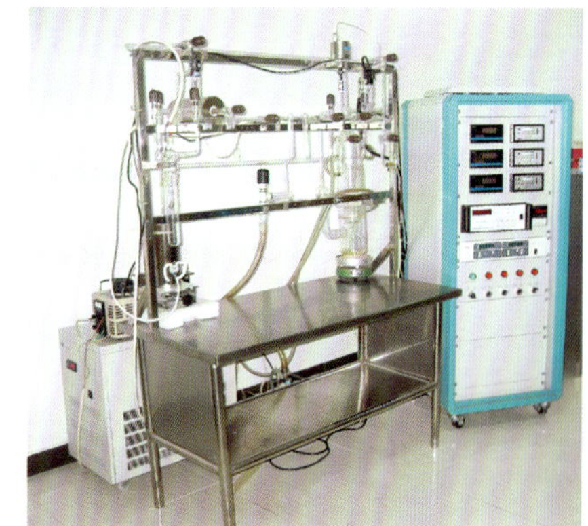

硝酸盐氮、氧同位素制样系统

中蒙边境地区矿产地质研究又获新进展：蒙古国位于亚洲腹地地区，与中国和俄罗斯毗邻，国土面积为156km²，人口270万。蒙古国的东部、西部和南部与我国接壤，边境线长达4673km，中蒙边境地区战略地位十分重要。聂凤军研究员率领的科研团队与蒙古科研院所和政府机构长期合作，对中蒙边境蒙古一侧金属矿床分布规律进行了系统调查研究，取得重要进展。

(1) 首次对金属矿床类型进行了划分：根据金属矿床容矿围岩和成矿作用特征，研究区金属矿床（点）大体可划分为6种类型，即①斑岩型铜（金）和铜（钼）矿床（点）；②矽卡岩型锌和银多金属矿床（点）；③热液脉型钨、锡、稀有（土）金属和银多金属矿床（点）；④火山岩型铜－锌和铀矿床（点）；⑤沉积岩型铜多金属和铀矿床（点）；⑥砂金和铂矿床（点）。在所有上述金属矿床（点）中，欧玉陶勒盖和道尔脑德矿床分别是蒙古乃至整个中东亚地区产出规模最大的铜（金）矿田和铀矿床，这两类矿床成因理论研究和找矿勘查工作值得关注。

(2) 首次圈定了金属矿化集中区：根据金属矿床（点）空间分布特点，研究区大体可以划分为10个矿化集中区，它们分别是阿斯嘎特–呼阿达尔、布尔吉–苏海特、萨拉乌拉–罕乌拉、巴彦戈壁、欧玉陶勒盖–查干苏布尔加、图木廷敖包–阿林诺尔、比鲁特–哈尔陶勒盖、海尔罕–哈拉特、黑尔希特–察布和乌兰–道尔脑德，其中前6处矿集区范围内的成矿作用主要与海西期构造–岩浆活动有关，后4处矿集区范围内的矿床是印支期—燕山期构造–岩浆活动的产物。

(3) 确定金属矿床的形成过程：研究区范围内各类金属矿床（点）的矿化强度不仅表现在空间上，同时也表现在时间上。考虑到金属成矿作用分别发生在海西期和印支期—燕山期，其中大多数矿床的形成时间与构造–岩浆活动高峰期相吻合，因此，可以认为金属矿床（点）是地壳特定演化阶段构造–岩浆活动的产物。所有上述成果对于提高中蒙边境地区矿产地质理论研究水平和引领国内矿山企业“走出去”均具有重要意义。

项目组在野外考察途中

聂凤军（右二）科研团队与蒙古地质学家在查干苏布尔加铜–钼矿区

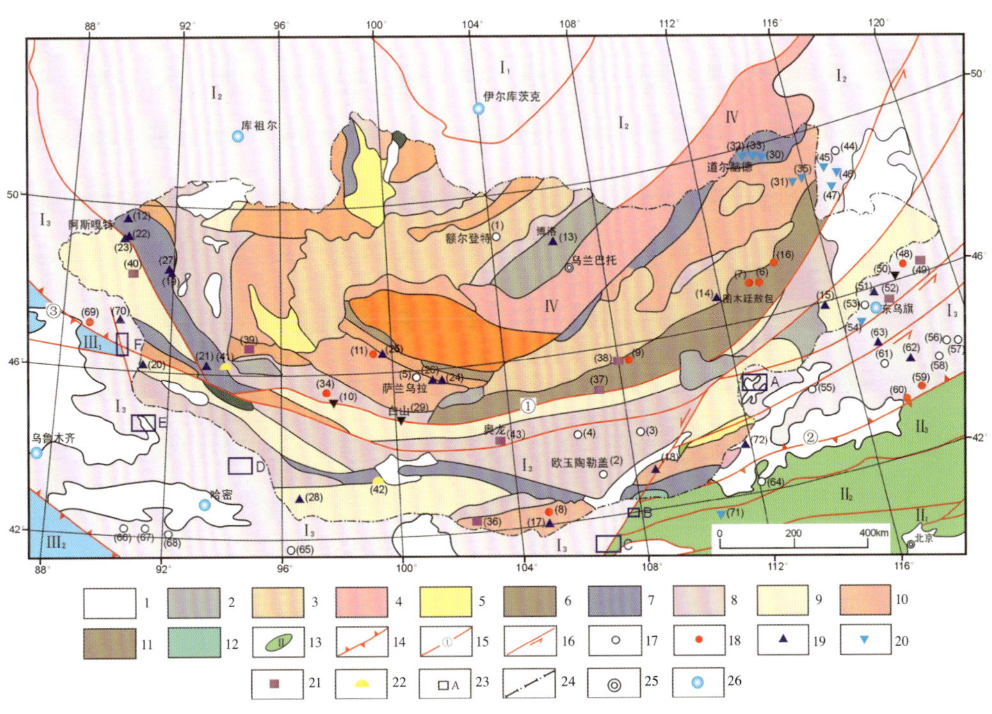

最新编制的中蒙边境及邻区地质矿产图

南海沉积物地球化学时空分布特征及其演化规律：为国土资源大调查工作项目，主要完成人员有祝有海、李德先、谢锡林、刘坚、苏新、黄霞、关永贤等。项目组经过多年的努力，对南海沉积物的地球化学时空分布特征及其演变规律开展了探索性和综合性研究，首次编制了南海全海域沉积物地球化学系列图件，并划分为陆源沉积区、混合沉积区、生源沉积区和深海沉积区。全面研究了ODP－184航次3个站位32Ma以来沉积物的地球化学记录，并识别出30Ma、28Ma、22Ma、16Ma、10Ma、5Ma、2.5Ma等的地球化学界面。南海陆坡区存在丰富的有机碳和烃类气体，并可分成台西南－东沙、笔架南、琼东南－西沙海槽、中建南－中业北、万安－南薇西和南沙海槽六大异常区，是寻找深水油气和天然气水合物的有利地区。常微量元素、稀土元素、锶铅同位素和有机地球化学的测试结果显示，南海沉积物以陆源沉积为主，且主要来自于我国华南地区，我国的陆源物质越过中央海盆，远距离输送到南海南部。系统总结了南海沉积物中浮游有孔虫的$\delta^{18}O$、$\delta^{13}C$记录。在南海北部识别出23.5Ma、8Ma的重要地球化学界面，并以此为界将南海北部划分为裂谷盆地断坳、坳陷和“现代南海”三大演化阶段及其若干个次级发展阶段，南海的形成演化与青藏高原隆升密切相关。依据地球化学记录，提出南海存在24～19Ma、11～1.6Ma两次生产力大爆炸事件，为油气和天然气水合物的源岩研究提供了新的思路。

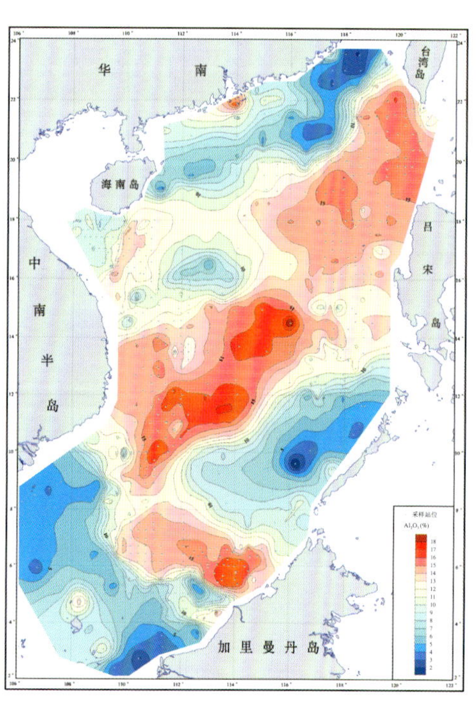

南海表层沉积物 Al_2O_3 含量（%）等值线图

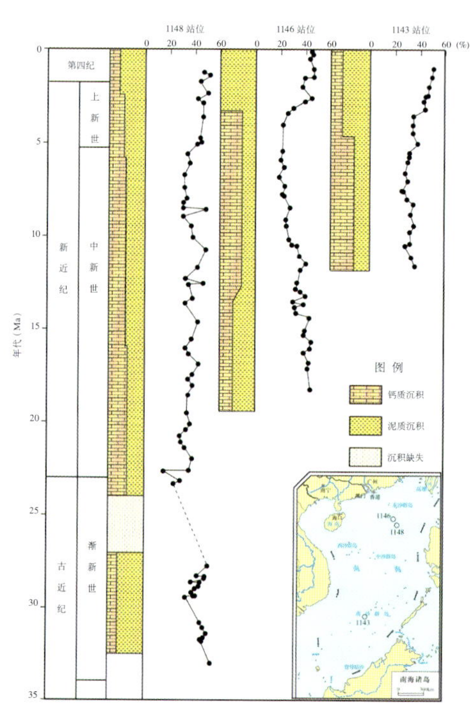

南海32Ma以来沉积物 SiO_2 含量（%）剖面对比图

中国矿物志·硫化物和硫盐矿物卷：国家科技基础性工作专项项目“中国矿物志·硫化物和硫盐矿物卷”通过全面收集、系统整理截至2008年底经国际矿物学协会新矿物及矿物分类、命名专业委员会批准通过的所有硫化物（包括碲化物和硒化物）和硫盐矿物种的研究资料，以及新中国成立以来的硫化物和硫盐矿物研究成果，圆满完成《中国矿物志》第二卷第一分册硫化物矿物、第二分册硫盐矿物的编著工作，并建成“中国硫化物和硫盐矿物数据库”。编著完成的《中国矿物志》第二卷分为两个分册，共计约350万字，收录了317种硫化物（包括碲化物和硒化物）和228种硫盐矿物的基础矿物学数据和在中国有产地和研究报道的116种硫化物（包括碲化物和硒化物）和105种硫盐矿物的研究成果。同时，项目采用图形化SQLyog数据库管理工具开发“中国硫化物和硫盐矿物数据库”，在内容上涵盖了《中国矿物志·硫化物和硫盐矿物卷》的主要数据信息，数据量达900MB。在形式上可以实现相关矿物数据的维护和检索两大功能，用户通过友好界面输入或选择矿物的中文名、英文名、分子式等条件，进行矿物信息检索。数据库功能强大、易于操作，有效地实现了大信息量矿物数据的高效管理和广泛共享，是一项具有很高学术价值和实用价值的矿物学研究成果。该项目成果既充实了我国基础性科学研究的内涵，也为促进地质科学及能源科学、环境科学、材料科学、生命科学等相关领域的科研和生产发展奠定了坚实的基础，能产生良好的经济效益。同时，在宣传和普及基础科学知识，提高公众对矿物这一客观存在的认知度等方面也具极佳的社会意义。

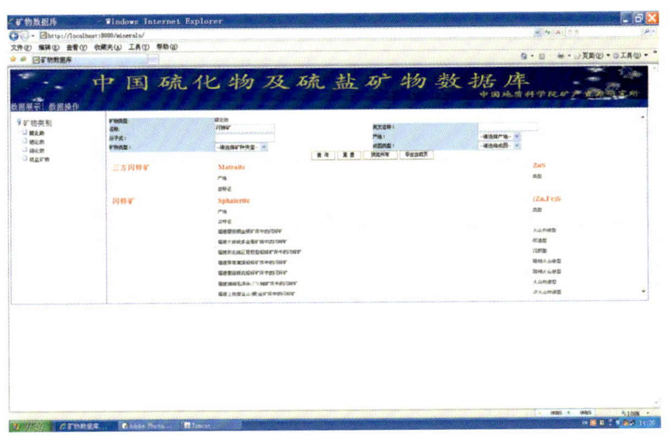

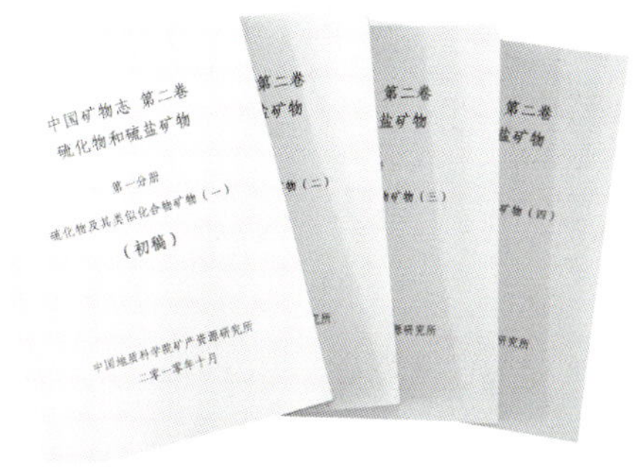

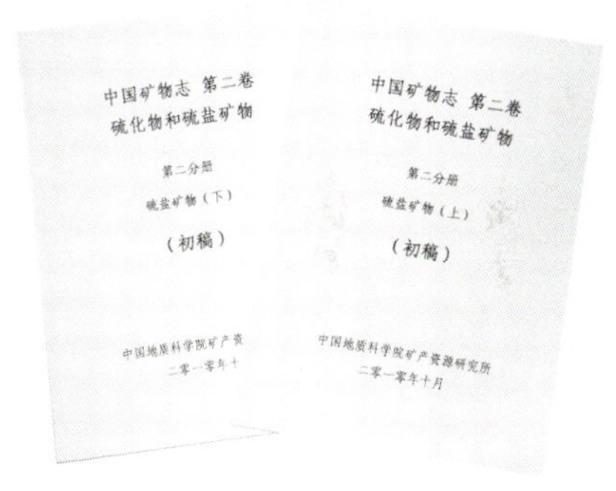

项目负责人蔡剑辉（右）在野外考察

钻井和放卤现场

项目负责人刘成林（右）和徐海明（左）采样尝试富钾卤水

高温高压富钾卤水放喷现场

江陵凹陷钻井岩心具钾矿物显示的红色岩脉

江陵凹陷深层钻获具有工业意义的富钾卤水：盆地深层富钾卤水是高温高压饱和卤水，该类型资源的勘查和开发技术难度，在国内外具有探索性，代表了我国找钾的一个重要方向。经过矿产资源研究所专家的调查研究，最终在荆州圈定了钻探靶区并钻获优质的富钾卤水。2011 年 1 月我所作为技术负责，在江陵凹陷组织实施的第一口深层卤水钾盐风险勘查钻井钻至 3581m 深度的目的层时，获得高温高压高盐度的富钾卤水矿。经初步测试，卤水氯化钾含量平均值为 1.64%，超过 1% 工业开采品位，其他锂、铷、铯、溴、碘等主要有益元素达到或超过综合利用品位。井口异常高压达 30 余兆帕，放喷卤水 3 天，井口压力不减，钻井溢流流速是 $180m^3/h$，计算每天流量可达 $4320m^3$，属于高产井；放喷管口卤水温度最高达 97℃，如此高温可为真空制盐制钾节省大量能源。同时，在岩心中还发现一些钾盐矿物的显示。此次钻遇富钾卤水层，实现了找矿新突破；固体钾盐矿物显示的发现，进一步验证了我们提出的小盆地成钾理论，为下一步大规模勘探提供了科学依据。

王宗起副所长在岗钾 1 井开钻仪式上致辞

中国地质科学院地质力学研究所

中国地质科学院地质力学研究所2010年共承担各类项目182项，其中，国家科技支撑项目28项，国家自然科学基金项目16项，国土资源部项目27项，地质调查计划项目5项、工作项目30项，地调(外)项目19项，基本科研业务费项目25项，其他项目37项。2010年度地质力学研究所论文水平不断提高，在国际期刊上发表论文数量创历史新高，公开发表科技论文84篇，包括SCI检索期刊25篇(其中国际SCI期刊19篇)，EI检索期刊6篇，国内核心期刊35篇，出版专著3部。中国地质科学院地质力学研究所2010年承担各类科研项目总经费0.84亿元，其中矿产资源补偿费项目4973万元，危机矿山专项875万元，公益性行业科研专项785万元，自然科学基金项目327.2万元，汶川地震断裂带科学钻探专项243万元，基本科研业务费专项275.2万元，其他科技项目经费921.6余万元。2010年度总收入1.17亿元。

截至2010年底，地质力学研究所在职职工176人，其中73人具有博士学位(含博士后出站17人)，87人拥有高级职称，包括研究员及教授级高工49人(含国家有突出贡献中青年专家1人，国家杰出青年基金获得者1人)，副研究员38人。高级职称人员占全部专业技术人员的49.4%，形成了一支结构比较合理、创新能力较强、国内知名的高水平地质科研队伍。地质力学研究所内设机构包括5个职能处室、7个专业研究室、1个部级重点实验室和1个院级重点实验室。中国地质学会地质力学专业委员会、第四纪地质与冰川专业委员会、古地磁专业委员会和国际工程地质与环境协会新构造与地质灾害专委会(IAEG-C24)秘书处挂靠在地质力学研究所。地质力学研究所主办学术刊物《地质力学学报》。领导班子由5人组成:所长龙长兴，党委副书记、纪委书记何长虹，副所长赵越、李贵书、侯春堂。

所长龙长兴(中)，党委副书记兼纪委书记何长虹(左二)，副所长赵越(右二)，副所长李贵书(右一)，副所长侯春堂(左一)

(a) 拉日山南麓古地震断坎顺山前新鲜的断层崖底部通过（镜向北）

(b) 通果玛沟西侧古地震断坎切过 T_1 阶地（镜向北）

年度重要科技项目进展和成果

青藏高原腹地典型地质灾害治理示范技术研究：为科技部国际科技合作项目，项目负责人叶培盛研究员。通过国际科技合作，全面、系统地研究了青藏铁路沿线的第四纪冰川、湖泊和河流等不同类型的地质–地貌环境的时空演化过程及其灾害效应，揭示了该区的生态环境变迁过程，划分典型地质灾害的示范区，同时进行灾害防治技术研究。包括①第四纪冰川作用与冻土地带的地质灾害发育特点分析；②湖泊演化过程和突发灾害性气候事件的鉴别与预测；③构造活动、河流演化与滑坡、泥石流和地震等灾害的发生、发展过程；④不同的气候环境下典型地质灾害类型的特点、发生机理、趋势及治理示范技术的研究。

错那—安多盆地北缘断裂发育的古地震遗迹

青藏高原深部探测在矿产资源评价中的应用研究：属科技部国际科技合作重点项目，项目负责人吴珍汉研究员。项目按照合同任务书要求积极开展国际科技合作交流，研究青藏高原深部过程与构造成矿成藏关系；系统编制青藏高原古新世—始新世早期、始新世晚期—渐新世、中新世古构造图及第四纪活动构造图，分析青藏高原地壳缩短增厚与隆升过程及资源环境效应；厘定东昆仑南部逆冲推覆构造的结构组成、空间分布、形成时代、深部产状、构造样式，估算推覆距离与运动速率；剖析东昆仑造山带与冈底斯成矿带构造控岩控矿规律，提出羌塘盆地油气勘探部署建议，估算羌塘盆地蕴藏油气资源总量超过45亿～60亿吨。项目圆满完成各项合作研究任务，2010年11月23日顺利通过科技部组织的结题验收。

川西河谷第四纪地质环境调查与灾害效应研究：属地质调查工作项目，项目负责人乔彦松研究员。项目研究进展：①第四纪期间，青藏高原东缘的气候自约250ka B.P.以来急剧变干，青藏高原东南缘隆升屏障西南季风水汽输送可能是形成这一气候事件的直接原因；②在金川识别出大渡河14级河流阶地。其中，T1至T8、T12阶地的形成时代分别为3～5ka B.P.、50～72ka B.P.、101ka B.P.、150ka B.P.、301ka B.P.、480ka B.P.、550ka B.P.、700～770ka B.P.和1.950～1.790Ma B.P.，是迄今为止在川西建立的最完整的有年代控制的阶

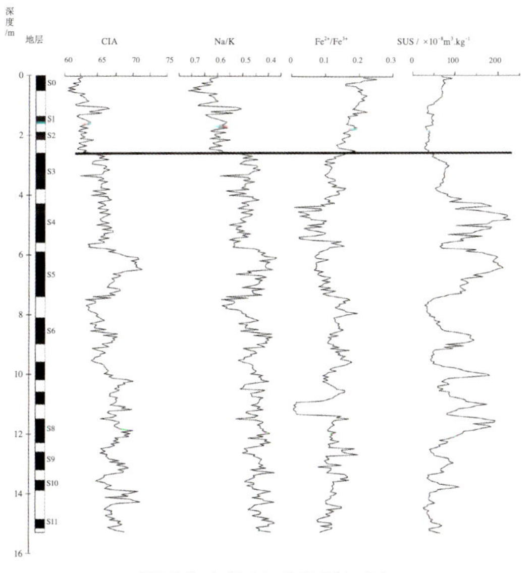

川西黄土的地球化学记录

在青藏高原北部沱沱河讨论野外工作计划

在东昆仑山区观测野外地质构造

在美国地球物理年会上讨论年度合作研究计划

在昆仑山北部讨论野外地质现象

地序列；③川西河谷古堰塞湖的形成时代和成因机制。在川西河谷识别出300ka B.P.、200ka B.P.、50ka B.P.、20～30ka B.P.、10ka B.P.等几个堰塞湖形成时期，这些堰塞湖的形成可能与构造运动和古地震作用有关；④对大渡河流域地质灾害形成的地质要素进行了调查，分析了本区地质灾害与第四纪地层、地形地貌、植被等自然要素的关系。项目2010年5月通过验收，被评定为优秀级。

金川大渡河阶地序列

钢缆式深孔水压致裂地应力测试体系

深孔水压致裂地应力测量系统研究：为地质调查工作项目，负责人彭华研究员。主要研究成果是自主设计并研制成功了钻杆式和钢缆式两种深孔水压致裂地应力测量设备。钢缆式水压致裂地应力测量设备是一种在无钻机支持情况下可以通过绞车系统，在地表程控完成钻孔内目标岩层地应力测试的仪器。钢缆式深孔水压致裂地应力测试体系、孔壁探针扫描装置、新型防泥浆低压释放阀、井下数据记录器等系统组件，在多方面取得了多项创新成果。其中研制系统组件微型高压水泵、孔壁探针扫描、耐高温和高压封隔器和印模器、井下数据记录器、防泥浆低压释放阀、井下推拉开关（液压转换阀）等关键技术已申报了国家新型实用技术专利。

迁安铁矿矿田构造解析与找矿预测：属危机矿山接替资源找矿项目，负责人陈正乐研究员。将迁安铁矿田的褶皱分为5级，发现迁安矿区的断裂构造带EW向的断裂构造具有分级等间距展布的特征，并控制了区域矿体剥露的深度；推断杏山铁矿的控矿褶皱构造是局部的向形构造，杏山铁矿体的综合形态像一条向NW仰起、背向SW、尾向SE、呈纵弯状的“鲫鱼”；认为杏山富铁矿为原始沉积-变质叠加后期塑性构造流动成因，区域的构造变形则导致了杏山富矿成为厚大的富矿体；进而提出应继续在二马的NW向一侧探寻铁矿体沿倾斜方向的延伸情况，寻找核部加厚的矿体；根据杏山控矿向斜形态及其铁矿体形态特征，提出应加强在C22线、C26线的SW向一侧进行施工，以寻找深部矿体；同时指出杏山外围的黄柏峪一带应具有较好的找矿前景。

迁安铁矿构造变形照片

1，2 — 迁安水厂中生代逆冲推覆构造；3 — 杏山富铁矿显微构造；4 — 迁安水厂铁矿褶皱构造

从古生代增生到中生代碰撞 —— 桐柏山高级与高压变质杂岩研究：属国家自然科学基金面上项目和国土资源大调查项目，负责人刘晓春研究员。将桐柏高压变质地体划分为两个高压岩片（I和II）及其北侧的构造混杂岩带和南侧的蓝片岩-绿片岩带。高压岩片I以北、南两条榴辉岩带为代表，构成桐柏山背斜构造的两翼，其峰期变质条件分别为530～610℃、1.7～2.0GPa和460～560℃、1.3～1.9GPa。高压岩片II以桐柏杂岩中的变质岩包体为代表，其峰期变质条件推测在<700℃、>1.2GPa的榴辉岩相范围内，而退变质条件为660～700℃、0.80～1.03GPa。高压岩片I的峰期变质时代为255Ma，冷却至白云母封闭温度的时代为

238Ma；而高压岩片 II 的主期变质作用发生在 232 ~ 220Ma，作为桐柏杂岩主体的片麻状花岗岩则侵位于 140Ma。推测高压岩片 I 和 II 分属于两个时代不同的俯冲 / 折返岩片，当高压岩片 II 被俯冲到地壳深处并经受高压变质时，其上覆的高压岩片 I 已经折返到中、上地壳的水平。验证了在西大别、东大别和苏鲁地区提出的高压 / 超高压岩石的穿时（或差异）俯冲 / 折返模型，同时说明华南大陆地壳最早的俯冲发生在晚二叠世，这也代表华北陆块与华南陆块之间从洋壳俯冲转化为陆壳俯冲的时间。基于桐柏杂岩与北大别杂岩的可比性，认为桐柏高压变质地体相对低温低压的变质环境以及超高压岩石的缺乏缘于华南陆块的俯冲深度向西逐渐变浅，而早白垩世的构造挤出造成了桐柏－大别高压 / 超高压变质带东宽西窄的构造格局。

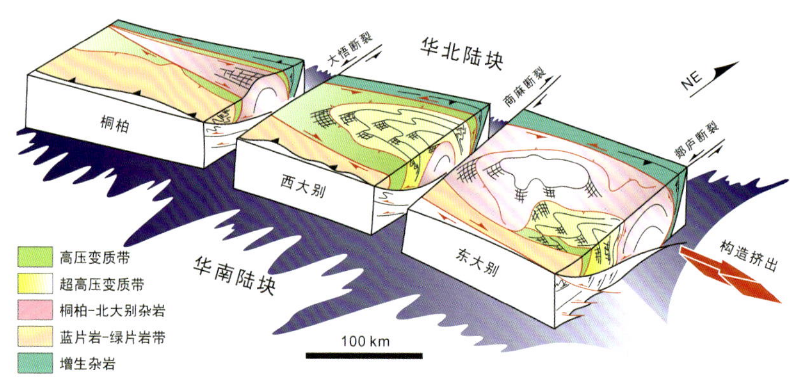

桐柏、西大别和东大别高压 / 超高压变质地体的地壳结构模型

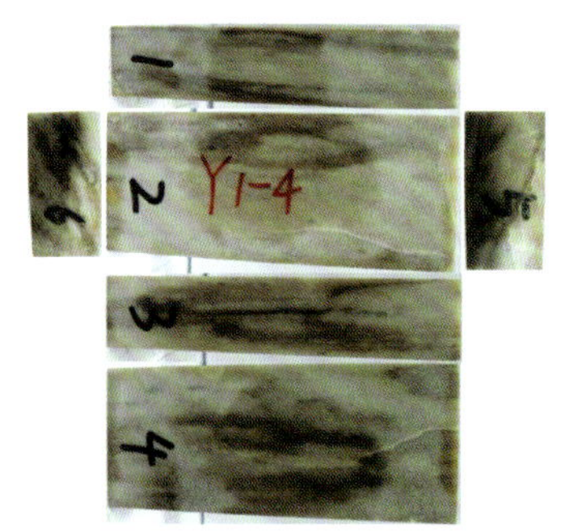

破坏前

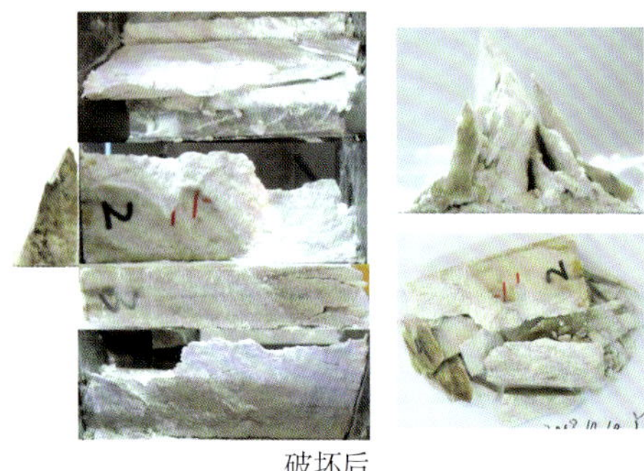

破坏后

大理岩试件 Y1-4# 破坏前（上）与破坏后（下）的结构及变化

挤压和剪切构造环境下的深埋隧道岩爆成灾机理对比及预测： 属国家自然科学基金项目。项目负责人张永双研究员。项目结合重大工程规划和建设，对秦岭造山带和西南三江造山带的区域工程地质环境进行了分析和总结，剖析了造山带地应力分布特征及其与岩爆的关系。根据高黎贡山深埋隧道特点，首次基于实测地应力和岩石力学试验数据，完成了不同情况下的岩爆模拟试验，揭示了花岗岩和大理岩在不同应力状态下的岩爆特征，表明在应力重分布条件下岩爆的发生几率和烈度明显增大。探讨了造山带深埋隧道岩爆灾害的预测途径，提出在岩爆预测过程中应将造山带地质演化、工程地质环境的形成过程与岩爆灾害的形成机理有机地组成一个研究链。结合典型工程实例，深入分析了挤压和剪切构造环境下深埋隧

道岩爆的形成机理，综合对比深埋隧道在完整岩体、褶皱和走滑断层附近的应力特征和岩爆指数，认为岩石在潜在剪切应力状态下比在潜在挤压应力状态下更易于发生岩爆，但在一般条件下挤压环境的岩爆强度相对较高，这与隧道所在构造部位的应力状态密切相关。研究成果对中国西部造山带深埋隧道建设具有重要的指导意义。

中国大陆及邻区地壳和上地幔三维温度场及其演化研究：属国家自然科学基金项目。项目负责人安美建副研究员。本研究从高精度地震层析成像三维波速图像反演了上地幔三维地震-热学瞬态温度场；再利用上地幔温度约束和已有地热学观测资料，利用稳态热传导模型计算了地壳和上地幔顶部三维稳态热传导温度场，得到了中国及邻区完整的地壳和上地幔三维温度场以及中国大陆地震-热学岩石圈厚度图。研究中也利用一种新的高精度面波层析成像技术对华北克拉通进行了研究，获得的结果证明了古近纪之后华北克拉通东部的破坏是以大洋俯冲板片部分熔融所释放物质上涌对岩石圈的侵蚀所造成的。本项目也适时增加了对汶川地震震源区的研究，获得了震源附近的高精度上地壳结构，发现了一个穿过震源和彭灌杂岩体的北西向断层，这个断层的存在可能是汶川地震发生在映秀的直接原因。

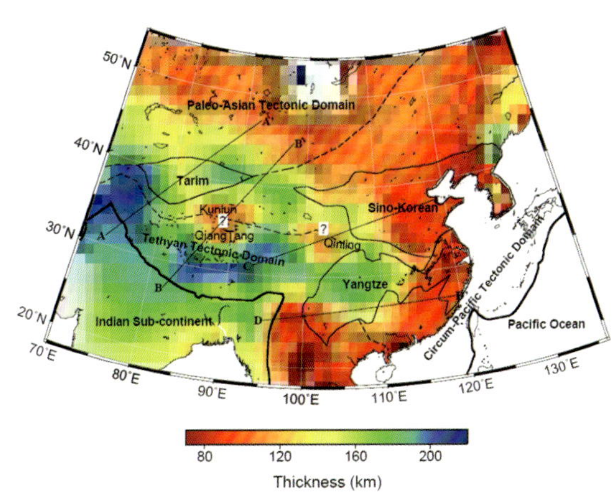

中国大陆岩石圈厚度 CN03Litho 图
(An and Shi, 2006)

破坏前

破坏后

花岗岩试件 Y2-2#（上：破坏前；下：破坏后）岩爆模拟试验前后的结构及变化

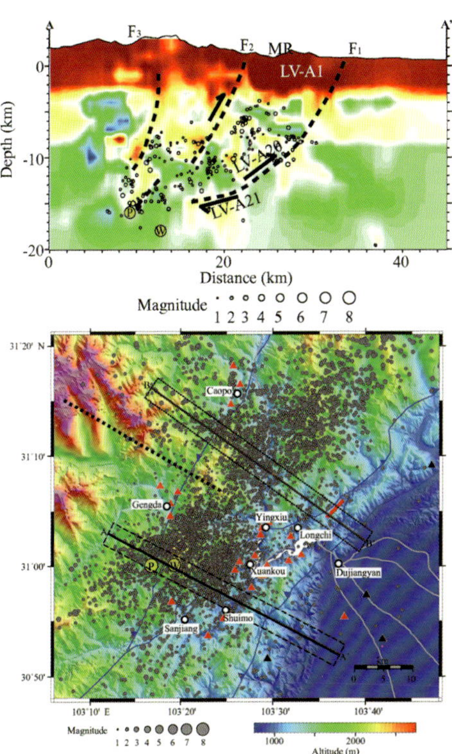

汶川地震震源区余震分布（下）和波速剖面 AA'（上）

F_1—F_3 分别代表灌县-安县断裂、映秀-北川断裂和汶川-茂县断裂；MR 指岷江；黄圈表示主震的震源位置

地质灾害风险评估技术研究: 属国家科技支撑计划项目课题。负责人吴树仁研究员。本项目研究提出了地质灾害风险评估基本理念、原则和技术方法，研究完善地质灾害风险评估主要内容、层次结构和评估指标体系，研究攻克地质灾害风险定性—定量评价的若干技术难题，进而提出中国大陆第一版地质灾害风险评估技术指南和技术流程；初步在陕西省宝鸡市建立地质灾害风险评估实验基地；初步提出计算区域地质灾害活动强度指数的基本原理、测量计算方法和分级标准，并以汶川地震诱发地质灾害强度测量计算评价为例，初步提出区域地质灾害活动强度 8 级标准；研究形成基于 RS 和 GIS 系统的地质灾害风险评估制图技术方法，为汶川地震灾区地质灾害灾情快速评估和重建规划过程中地质环境适宜性快速评估作出了贡献。

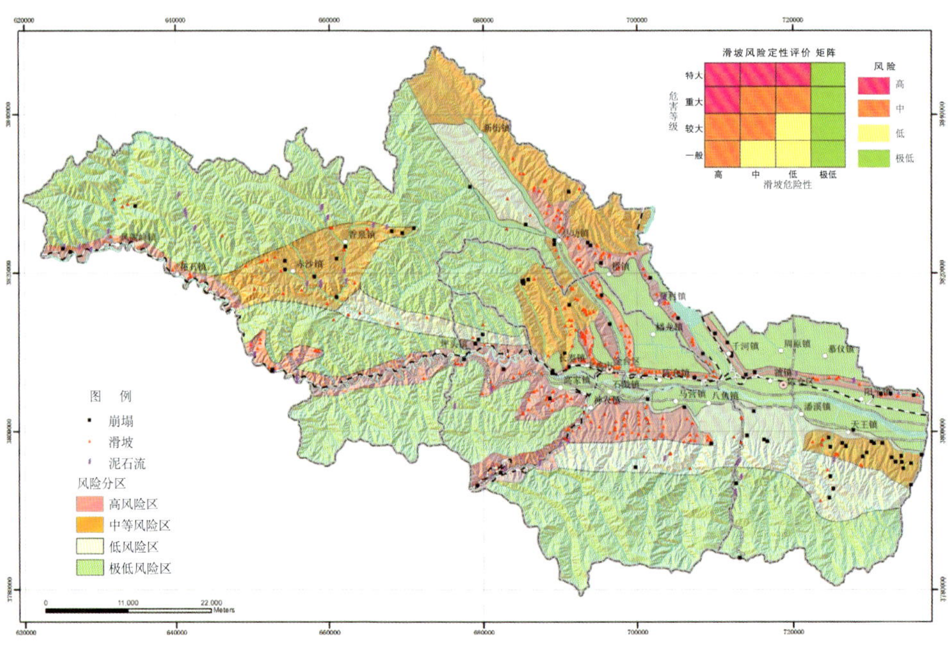

宝鸡市市区地质灾害风险评估分区图

中国地质科学院水文地质环境地质研究所

中国地质科学院水文地质环境地质研究所2010年承担地质调查工作项目13项、国家自然基金项目6项、973项目1项及所属课题2项、国家科技支撑项目课题3项，承担国土资源部公益性行业科研专项3项、国土资源部百人计划项目2项、基本科研业务费项目35项、重点开放实验室项目4项。获批2011年国家自然科学基金面上项目1项，青年基金1项。中国地质科学院水环所2010年承担各类科研项目经费共计9941.28万元，其中矿产资源补偿费3865万元，公益性行业专项1206万元，基本科研业务费369万元，科技条件专项1230万元，基本建设专项2976万元，其他科技项目经费295.28万元。2010年度总收入13513.72万元。

2010年成功举办全国地下水与环境科学研讨会暨中国地质学会水文地质专业委员会2010年年会；组团赴波兰参加了第38届国际水文地质大会；赴俄罗斯莫斯科大学和俄罗斯人民友谊大学就“亚洲地下水资源与环境地质编图”合作项目进行了磋商；前往台湾参加了第五届“海峡两岸土壤与地下水污染整治研讨会”。积极开展与美国、俄罗斯、德国、印度、蒙古、韩国、泰国、伊朗等国家的科技交流与合作，国际交流共计14人次。2010年，全所科研人员发表核心期刊论文110篇，其中SCI（EI等）检索论文19篇，出版专著6部。

所长兼党委副书记石建省（中），副所长张发旺（右），副所长张永波（左）

年度重要科技项目进展和成果

"华北平原地下水演变机制与调控"项目
2010 年度工作会议

考察野外试验场站

项目组与地方政府座谈

华北平原地下水演变机制与调控：属国家重点基础研究发展计划（973）项目，首席科学家为石建省研究员，2009 年正式启动。项目以华北平原为典型研究区，以水循环理论和系统理论为基础，通过多学科交叉、多尺度、多方法的综合分析研究，紧紧围绕人类活动影响下地下水系统结构变异及其对地下水演变的影响和地下水调控的关键科学问题，开展基础性和前瞻性研究工作。2010 年重要研究进展包括：改进并完善华北平原地下水及其环境问题数据库，建立了项目网站并保持了经常更新；根据项目架构在关键技术点上进行了重点攻关并取得重要突破，建设了高性能计算机（群）及其并行环境，开发了具有自主知识产权的软件工具 MF2K－ARD 和 MODTOOL，可有效提高大规模地下水数值模拟的精度和效率；建立了深厚包气带入渗补给的实验场地，在典型地区建立了区域地下水补给模型；通过野外试验和室内物理模拟实验，揭示了地面沉降演变特征及开采不同层位地下水的影响，在咸—淡水界面运移模拟与多目标优化算法方面取得突破；建立了包气带污染物迁移水动力学参数实用模型，对复杂孔隙介质地下水污染物弥散随机数值模拟进行了估算；初步确定了区域地下水资源承载力评价基本模式；初步建立了华北平原地下水系统危机临界识别指标体系和地下水资源调控方案评估指标体系。

地下水典型试验场科学观测与综合研究：属公益性行业专项经费项目，项目负责人申建梅研究员，主要参加单位包括：中国地质科学院水文地质环境地质研究所、中国地质科学院岩溶地质研究所、长安大学、中国地质环境监测院和中国地质调查局水文地质环境地质调查中心。项目立足于地下水资源开发利用及其引起的环境问题，进行地下水资源科学观测技术的探索研究，建设和完善地下水科学观测与试验基地。截至 2010 年年底，各合作单位开展相关的工作，相继完善了试验基地建设的方案以及功能，购买并安装了野外试验研究设备，完善了野外试验研究系统，实现了对地下水的连续观测和无线传输。共发表论文 8 篇，培养了 1 名博士研究生和 3 名硕士研究生。

华北平原典型地区水资源约束下的土地合理利用与管制技术研究：属国土资源公益项目，项目负责人张发旺、余宝林、程彦培。项目收集了黑龙岗地区土地利用级规划成果资料，完成了整个流域38000多km^2农业种植结构遥感调查解译，开展了土地整理试验节水灌溉试验，节水38%，针对深州市埋深0.8～1.2m左右存在粘土隔水层，开展了雨洪水利用实验工作，在降雨达到60mm以上就可以积蓄雨水，同样也可以积蓄灌溉余水，达到改良土地质量的效果，该技术申请专利一项。针对将水资源约束纳入土地利用规划技术规程的难题，开发了水土资源匹配耦合计算软件，并在黄骅市进行了水资源约束规划示范研究，科学地解决了土地与水资源的优化配置问题，为国土规划与整治提供了技术与示范。

人类活动影响下包气带水分运移规律与地下水补给非线性过程：属国土资源部公益性行业科研专项经费项目，项目负责人王贵玲研究员。通过野外示踪试验研究了不同种植条件下地下水补给规律；通过秸秆覆盖动态监测试验，研究表明秸秆覆盖促进地下水补给，增加幅度达25%，主要表现在雨季；通过衡水典型配套措施下土壤水动态监测试验，分析了不同措施下土壤水动态规律；通过建造深厚(45m)包气带土壤水动态监测系统，对包气带剖面取样分析测试，结果表明砂土与黏性土互层结构抑制了地表降水对地下水的快速补给，粉粒含量越高越有利于重金属、易溶盐的富集。

衡水试验场不同灌溉条件下土壤水运移试验

咸水规模灌溉条件下水盐动态监测与地下咸水资源可利用承载力评估：属国家科技支撑项目，项目负责人张光辉研究员。项目通过野外调查、监测和大量水土样品采集及测试，基本掌握了环渤海低平原区地下水咸水资源四维时空特征和潜水位现状动态特征，以及土壤全盐分布特征，初步查明直灌区和补灌区表层土水环境盐分、水分变化基本规律，夯实了阐明研究区地下咸水资源分布特征及其可利用承载力的科学研究基础。开展了大规模咸水灌溉对表层水土环境水盐补排平衡影响的测评指标体系研究，重点研究了规模咸水灌溉对表层水土环境盐分补排平衡影响的测评指标体系构建的关键技术难题，以及补灌和直灌区表层水土环境水盐变化的差异特征识别的技术方法。

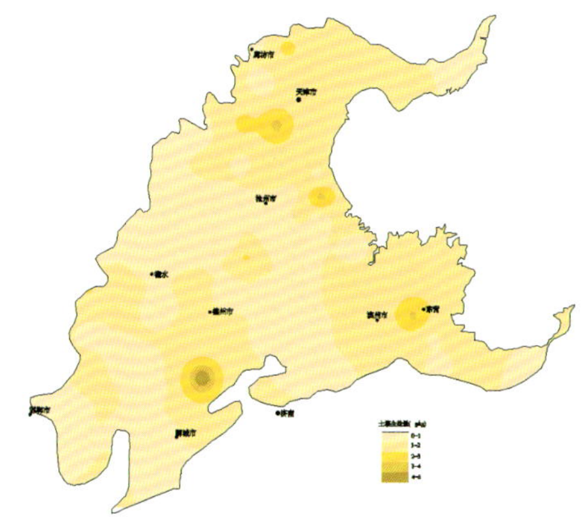

环渤海低平原区易溶盐分布图

编录岩性描述

地下水科学与工程大型试验基地水文地质环境地质参数研究：属地质调查项目，项目负责人申建梅研究员、高业新副研究员。项目通过野外试验、数据分析，查明了试验基地的气象动态和地下水位动态；查明了试验基地含水组结构和空间分布特征；查明了不同层位含水组水文地质参数和地表渗透系数；并通过试验场周围地下水位、水质、用水量调查，查明了试验场地下水流场、地下水位动态变化因素等水文地质条件及居民生活、农灌用水水量。总之，对试验基地各种参数有了充分的认识，为进一步查明试验基地所在区域含水层结构和地下水补、径、排条件及变化，开展水文地质工程地质和环境地质参数研究，为华北地区地下水合理开发利用及研究提供科学依据。

河套平原地下水资源及其环境问题调查评价：属地质调查项目，项目负责人石建省研究员和张翼龙教授级高工。项目全面完成了总体设计中部署的1:10万水文地质、环境地质、第四纪地质调查、物探、水文地质钻探、环境地质钻探、样品采集、测试及分析、遥感解译等主要实物工作，被评定为中国地质调查局野外工作质量检查优秀级。修订了河套平原边界，查明了河套平原主要地表第四纪地层的岩性、成因、时代岩相结构框架，以及地层和含水层的结构特征，全面掌握了河套平原地

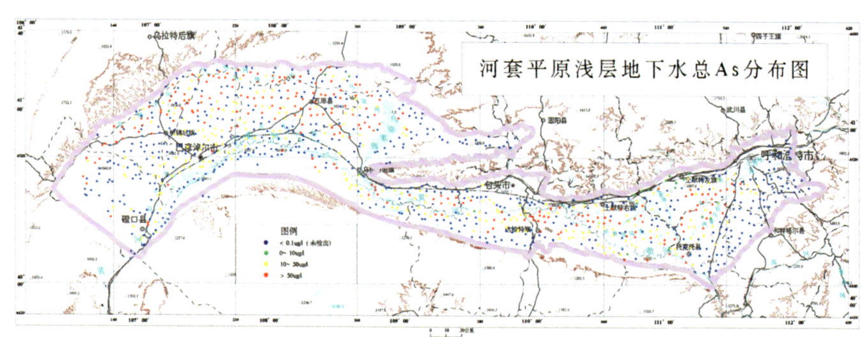

河套平原浅层地下水总 As 分布图

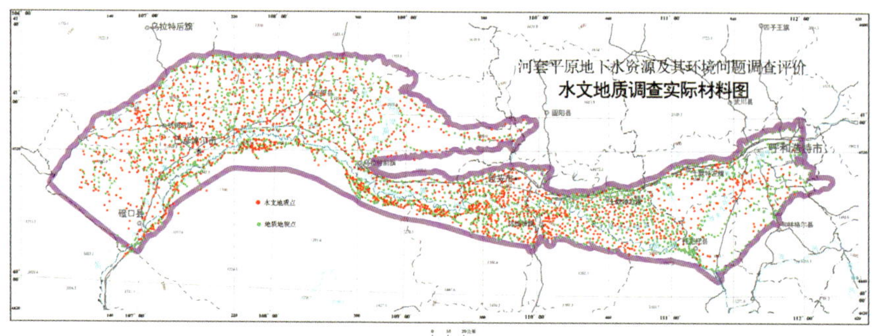

河套平原 1∶10 万水文地质调查工作实际材料图

下水动态变化、水化学特征，开展地下水循环演化研究，建立了野外包气带水盐运移试验场，获取了包气带水文地质参数，掌握了调查区内土地利用、盐渍化、沙漠化及与地质环境相关的地方病状况，建立了地下水数值模型以及河套平原地下水与环境信息网站，开发了动态评价网络软件，为项目综合及专题研究奠定了良好的基础。

中国北方主要盆地地下水资源及其环境问题调查成果综合集成：属地质调查项目，项目负责人石建省研究员和张翼龙教授级高工。项目对我国北方华北平原等11个主要平原盆地地下水资源及其环境问题调查成果进行综合集成。项目总成果报告分上、下两篇。上篇为总论，以北方11个平原盆地地下水资源及其环境问题调查评价成果为基础，站在理论层面上，提炼总结了我国北方11个主要平原盆地区域水文地质规律或特征，提出了我国北方区域水文地质客观条件和规律的认识。下篇为分论，按照统一提纲和要求，缩编了华北平原等北方11个主要平原盆地的区域水文地质条件、地下水资源及其环境问题调查评价成果。

亚洲地下水资源与环境地质编图：属国土资源大调查工作项目，项目负责人张发旺研究员、程彦培研究员。项目收集了亚洲主要国家地下水资源与地质环境资料，利用卫星遥感，解译了北亚、中亚、西亚4000多万 km^2 地下水资源与地质环境的有关信息，制订了编图大纲，开展了克鲁伦、湄公河流域示范编图，《亚洲水文地质图》、《亚洲地下水资源图》、《亚洲地热分布图》和《亚洲地下水环境背景图》等1∶800万系列图件，突出了亚洲地质构造与地下水资源、地质环境关系规律、地下水地质环境背景及地热资源的分布情况，系统研究了亚洲主要跨界含水层问题。以ArcGIS为平台建立了亚洲地下水资源与地质环境数据库。

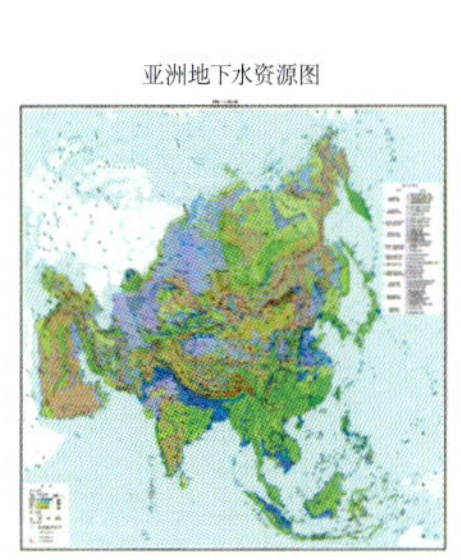

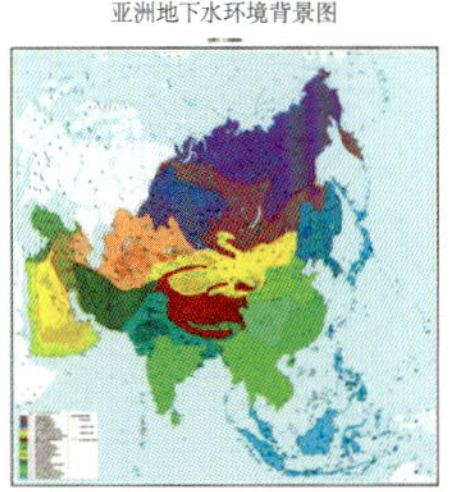

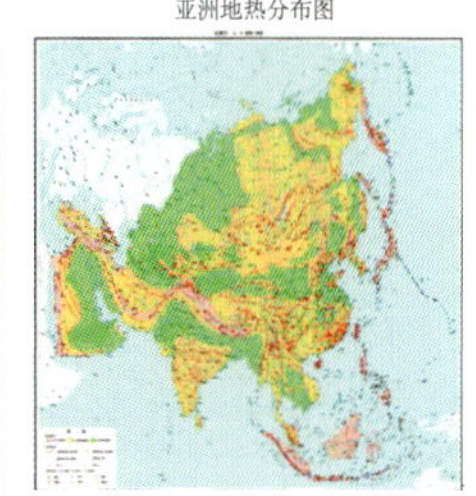

项目成果 —— 系列图件

华北平原地下水污染调查评价：属国土资源大调查计划项目，项目负责人张兆吉研究员。项目开展5年来，取得了一系列的成果。首先，完成了华北平原14万 km^2 的区域地下水污染调查，采集并测试了地下水样品近7000个，查明了拟修复治理的地下水污染场地32个，对整个华北平原的地下水质量和地下水污染状况等方面都掌握得比较清楚；其次，项目执行过程中，探索性地研究了地下水污染

野外调查

野外验收

调查方法、样品采集方法、质量评价方法、污染评价方法和防治区划分方法，并编写了相关技术要求，为今后指导我国其他地区开展地下水污染调查评价奠定了重要基础；再次，构建了“华北平原地下水污染调查评价数据库”，实行全部信息入库，保证了数据的规范性、完整性和真实性，响应了数据规范化的号召，为研究成果的后续利用提供了科学储备。

全国主要城市环境地质调查评价项目: 属地质大调查计划项目，项目负责人刘长礼研究员。项目完成了四川、甘肃、云南、浙江、江西等28个省（区）310个主要地级以上城市的环境地质调查评价。初步查明了各城市地下水污染、地下水资源衰减、特殊土分布、土壤污染、海岸线变迁等环境地质问题现状，查明了垃圾场对环境污染的现状以及地质资源分布现状，查明并分析了崩塌、滑坡、泥石流、地面塌陷、地裂缝、地面沉降等地质灾害特征、发展趋势及其经济损失。其中①存在地下水降落漏斗的城市有65个，地下水污染的城市有129个，特殊土工程问题的城市有56个；②196个城市存在不合理垃圾处置点905处，53个城市有地质景观408处，115个城市有地热资源778处，184个城市有天然建筑材料场地340处，初步论证了108个城市地下水水源地222处；③122个城市存在崩塌、滑坡、泥石流灾害5643处，96个城市存在地面沉降307处，32个城市查有地裂缝162处，93个城市有地面塌陷986处，36个城市存在岸坡失稳及海岸侵淤积危害，各类灾害累计伤亡人员6639人，总损失达18799.43亿元。该项目建立了310个城市地质环境数据库；编制了中国主要城市环境地质图集，总图件2168幅。该项目编写了《城市环境地质图系编制指南》、小比例尺全国主要城市环境地质图系的编制方法、城市环境地质信息评价系统建设、城市地质环境风险评价系列方法、地质灾害与环境地质问题造成的损失评价方法系列、地质环境评价方法系列，为全国城市环境地质调查、评价、制图提供了技术和方法支撑。项目成果已被哈尔滨、康定、昆明、南昌等多个城市的规划、建设与管理部门分别用于城市规划修编、后备或应急供水的水源地论证、地下水资源保护、垃圾场地的选择、地质灾害防治等方面。

野外地质灾害调查

项目成果汇报交流会

西北黄土堆积与中国古气候变化：属地质调查工作项目，项目负责人石建省研究员、叶浩研究员。项目系统开展了全新世黄土剖面的测量、样品采集、多期遥感解译和验证、地表生态环境调查等相关工作。通过样品的测试和鉴定结果，利用古气候环境的代用指标，对全新世古环境记录进行了对比分析，运用数理统计方法尝试建立新的气候代用指标；通过大断面的调查，初步建立了现代花粉—植被—气候函数关系模型。同时，对陕北地区近几十年来地表环境与气候变化的响应趋势进行了分析和对比，并利用“3S”技术，对典型小流域在气候变化和人类活动影响下的地表生态环境变化进行了分析。

黄土剖面测量

主要盆地地下水资源信息系统建设：属地质调查项目数字国土工程工作项目，项目负责人张永波研究员、梁国玲研究员。项目完成了主要盆地或平原的地下水资源数据库及区域水文地质成果数据库建设与集成，按其数据性质的差异划分为原始资料数据库和综合成果数据库。其中，原始资料数据库是以我国北方13个主要地下水资源盆地为对象，数据内容主要反映水文地质结构、地下水动态、地下水资源量和地下水水质。库内涉及各类数据表格67个、存储记录总数815000条、有效数据项7313171项。综合成果数据库主要包含北方13个盆地及区域水文地质综合成果，表现为一系列成果图件，其内容涵盖了水文地质、环境地质、地下水资源、地下水开发利用、地下水污染等多方面。库内包含各类数字化图件800余幅、建立单要素专业图层约2000层。同时项目还完成了基于大型领域数据库和网络环境的数据分析处理、数据共享和信息服务系统的研制与综合集成，实现了地下水资源原始资料的授权共享、在线数据处理、动态评价和综合信息服务。

主要盆地地下水资源数据共享和信息服务界面

氢氧同位素标准水样的研制：属地质调查项目，负责人张琳副研究员。项目研制了4个氢氧同位素标准水样系列，4种标准物质的候选物分别为：远离大陆天然海水、正定水、青藏冰川水、人工配制的贫氚水。完成了标准样品的制备、分装、均匀性检验、稳定性检验、定值、不确定度评定。参加定值实验室选择国内外高水平实验室13家（其中国内8家，国外实验室5家），采用不同原理的3种以上实验方法，定值元素为8个。定值方法、定值准确度等较20世纪80年代研制的国家一级标准物质有了新的突破。

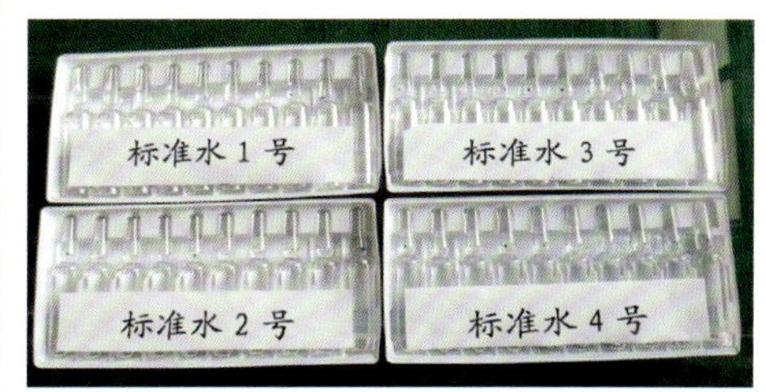

氢氧同位素标准水样

青海湖野外取水样

中国地质科学院地球物理地球化学勘查研究所

中国地质科学院地球物理地球化学勘查研究所拥有电磁场精细勘查、弹性波场勘查、位场勘查、地下物探、航空物探、计算机在物探中的应用、应用地球化学基础研究、地球化学填图、生态环境地球化学、深穿透地球化学、地球化学分析测试技术、地球化学标准物质研制、油气物化探理论与方法、矿产资源勘查研究等物化探方法技术，2010 年承担各类科研地调项目 157 项，年度经费共计 12106 万元。其中，国家科技及专项项目（课题）33 项，经费 2952 万元；地质调查项目（含计划项目、工作项目）46 项，经费 6190 万元；省级财政专项和社会服务项目 50 项，经费 2609 万元；基本科研业务费项目 28 项，经费 355 万元。

所长兼党委书记韩子夜（中），副所长徐刚峰（右二），副所长胡平（左二），副所长徐龙强（右一），副所长史长义（左一）

年度重要科技项目进展和成果

大功率多功能电法系统实用化研究：属地质调查项目，项目负责人林品荣研究员。在研究攻克多频等幅同步供电、密集频点供电、大功率励磁稳流供电和高精度混合同步技术的基础上，研制出了电磁法大功率发射机、多功能同步宽带接收机，开发了相应的数据处理与解释软件，形成了具有我国自主知识产权的大功率多功能电磁法勘查系统。经场地实验，与国外同类仪器对比，我国自主研制的仪器样机具有显著的功率大、频点密度高、观测数据质量优的特点。多功能电法仪器的研制成功填补了我国多功能电磁测量仪器的空白，为我国找矿的攻深找盲工作提供了技术支撑，也将为打破深部找矿国外电法仪器一统天下的局面奠定了基础。

时间域固定翼航空电磁勘查系统研制：属国家高技术研究发展计划（“863 计划”）项目，负责人胡平研究员。项目利用 Y12IV 型飞机平台完成 Y12IV 型飞机的工程改装设计，成功研制出了可以实现最大峰值磁矩约 520000 安培平方米的发射分系统样机，等效接收面积理论上可达约 10000m^2 的电磁三分量接收探头，基本可以实现高灵敏度、大动态范围内的信号发射与接收，各分系统和电路研制取得突破性进展，为大勘探深度航空电磁测量系统的成功研制打下了坚实的基础。

Y12IV 型飞机的工程改装设计

内蒙古自治区大兴安岭中南段 1∶5 万航空物探综合站勘查：属内蒙古勘查项目，项目负责人孟庆敏研究员。在物化探所研制的频率域航空电法测量系统的基础上，与磁法测量、放射性测量系统成功集成了航空地球物理勘查综合站，经中国地质调查局二连－东乌旗航空地球物理综合勘查示范调查应用，完善了方法技术后，在内蒙古完成了大兴安岭中南部1∶5 万航空地球物理综合调查工作。共完成航空物探勘查面积 12 万 km^2，发现航空磁、电、放综合异常 3000 多处，为我国矿产、水资源勘查和环境调查提供了快速高效的勘查技术。

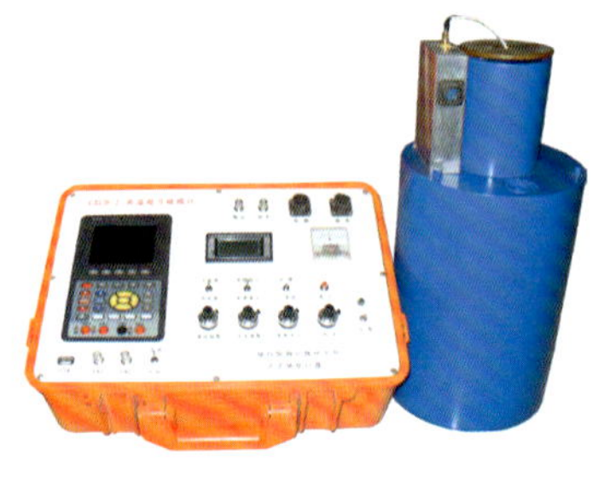

野外观测及仪器
（上：高精度井中三分量磁力仪；下：设备高温超导磁强计）

地壳全元素探测技术与实验示范：属深部探测技术与试验研究专项（SinoProbe）项目，项目负责人王学求研究员。本项目首次按照国际标准建立了一个覆盖全国的地球化学基准网，在国际上首次建立了81个指标（含78种元素）的分析配套技术。所有元素的检出限、报出率、准确度、精密度等指标均已达到国际领先水平。

在河南南阳盆地400m盖层的隐伏铜镍矿上方发现纳米级自然铜微粒。自然铜金属微粒粒径为几微米至几十微米，微粒呈团聚体，并呈簇球链排列，簇球链中小球为有序结构结晶物质。这为深穿透地球化学迁移机理研究和含矿信息精确分离提取提供了直接的微观证据。

高温超导磁强计开发研究：属地质调查项目，项目负责人陈晓东研究员。本项研究完善了高温超导磁强计的生产工艺，研制成功针对瞬变电磁仪的高温超导磁强计产品化样机，完成相关软件编制，经整机联调与野外试验，与瞬变电磁仪配套应用效果良好，初步具备产品化条件。

高精度井中三分量磁力仪研制与应用示范：属地质调查项目，项目负责人邱礼泉、高文利研究员。项目改进研制出高精度井中三分量磁力仪2套，经野外仪器性能测试和试验，仪器的倾角和方位角测量误差满足设计要求。目前正根据实验结果进行工艺改进和优化，可望形成实用化高精度井中三分量磁力测量系统。

“内蒙古中东部半干旱草原覆盖区化探技术研究”和“大兴安岭中北段区域化探方法技术研究”：属地质调查项目，负责人迟清华研究员、徐仁廷博士。通过对大兴安岭中南段半干旱草原山地（丘陵）景观区、森林沼泽景观区元素表生地球化学特征、化探采样介质中干扰物、干扰特点的研究，研制出了半干旱草原山地（丘陵）景观、1∶20万和1∶5万化探方法技术，使我国上述特殊景观区的地球化学调查技术得到解决。

野外采集样品

应用机动浅钻的地球化学勘查方法技术研究：属地质调查项目，项目负责人喻劲松博士。项目通过试验研究，研制出了应用于1∶25万和1∶5万地球化学勘查的机动浅钻应用方法技术，为浅覆盖区的地球化学调查工作提供了新的调查技术。

北山地区铜矿成矿地球化学环境研究及找矿: 属地质调查项目，项目负责人马生明研究员。通过典型矿区、矿床主要成矿元素及卤族元素、放射性元素、矿化剂元素、典型稀土元素地球化学特征研究，提出了指示铅锌矿、铜矿类型、矿蚀变带范围、成矿溶液运移方向的地球化学新指标。并利用这些新指标和新方法对北山地区铜多金属矿床的成矿远景进行了预测，圈定具有成矿远景的地段100余处，结合北山地区自然景观条件特点提出了靶区优选方法技术。

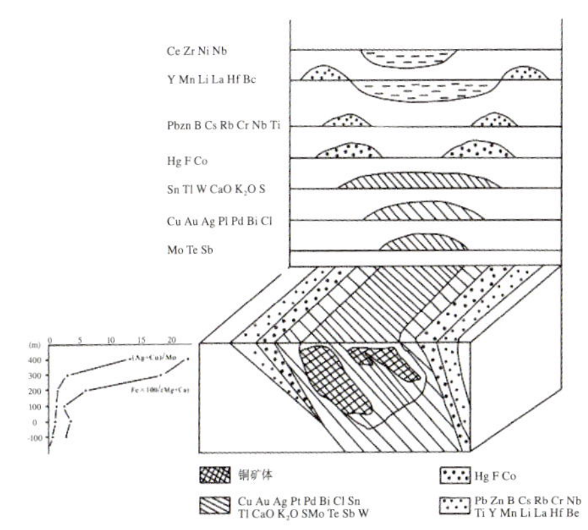

富家坞斑岩铜矿床原生异常结构

多目标区域地球化学调查与评价: 属地质调查计划项目，负责人成杭新研究员。项目完成160万 km^2 的多目标区域地球化学调查，初步证实国家土地质量地球化学状况总体安全，并在服务于土地质量评估、提升农产品价值等应用中取得长足进展。多目标区域地球化学调查与评价国家级成果集成进展显著，先后启动了海南、广东、福建等15省及海河流域、松花江流域、长江三角洲、两湖地区共22种多目标区域地球化学图集的编制和出版工作，已有11个省和一个流域已完成图集的编制工作，进入出版印刷阶段。这是我国首次有计划、有步骤、大规模地公开出版多目标区域地球化学调查图集的相关成果，将广泛应用于国土规划、基础地质、资源勘查、土地质量评估、新农村建设、科学施肥、全球变化等多个研究领域，是国家制定各项规划的重要依据，极大地提升了地球化学解决社会经济发展中遇到的重大科学问题和现实问题的能力。

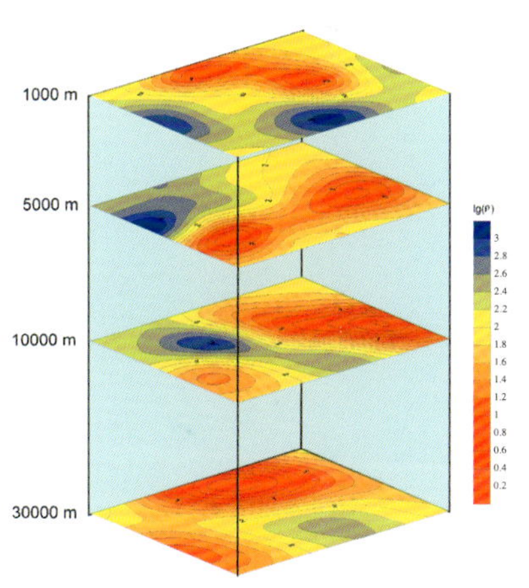

区域大地电磁场标准网控制点三维结构模型

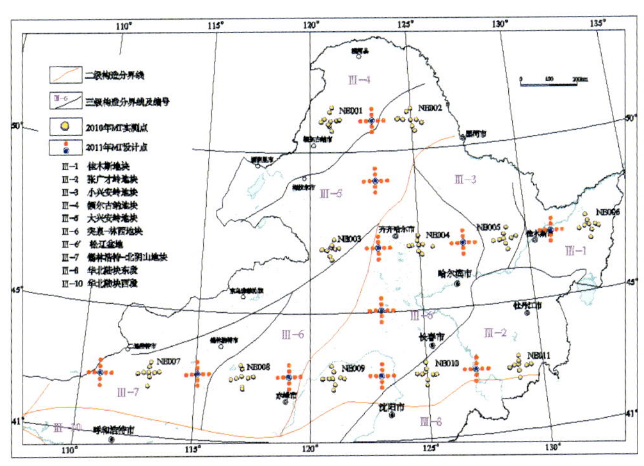

东北阵列式区域大地电磁场标准网控制格架示范性实验研究已完成和即将完成的控制点

数据采集过程中，时时观测数据质量

洞错－尼玛盆地大地电磁测深（MT）剖面测量：属地质调查项目，项目负责人卢景奇高级工程师。本项目利用深部地球物理探测技术在洞错－尼玛盆地开展了100km的大地电磁测深调查，结合前人开展的大地电磁测深和二维反射地震及区域地质资料，分析了班公湖－怒江陆相盆地带中的洞错－尼玛段盆地范围、基底埋深及构造格架特征，为盆地油气资源潜力评价及油气地质调查工作部署提供了重要依据。

“祁连山冻土区天然气水合物物化探方法技术研究”和“祁连木里天然气水合物地球化学调查技术试验研究”：属地质调查项目，主要完成人为方慧、徐明才、孙忠军、王书民研究员。本项目在青海木里地区开展了冻土水合物物化探方法有效性实验，根据实验结果提出了木里地区天然气水合物可能的成藏模式；提出了天然气水合物物质来源类型；总结了冻土区天然气水合物有利区带（块）物化探综合调查技术。实验研究表明，应用物化探综合技术可以圈定天然气水合物赋存的有利区带（块）。化探异常可以指示水合物物质来源及煤型气、原油伴生气类型，圈定天然气水合物分布范围，利用物探方法可以进一步圈定水合物有利赋存的有利构造部位。

长江中下游重点成矿带综合地球物理立体地质填图示范：属地质调查项目，项目负责人王书民研究员。在长江中下游的九瑞、宁芜示范区开展了主要地质体物性调查和重力、大地电磁、地震测量，利用区域的磁法测量资料，在统计岩石物性特征的基础上，建立了地质－地球物理模型，在地震资料约束下重、磁三维反演结果，解释推断了示范区主要岩体和总体结构轮廓；利用AMT二维反演资料，初步推断了二维电性结构；推断了示范区内岩浆岩、主要地质体及控矿地质构造的分布，并对推断的主要地质构造、地质体进行了钻探验证，取得了较好的验证效果。根据验证结果，修改、完善了示范区三维推断立体地质结构模型，进而根据区域地球物理调查结果填制出了示范的区域立体地质图。

物化探方法技术野外实验检测基地建设稳步推进：属基本科研业务费项目，项目负责人为龚胜平、李建华、荣立新、梁萌等青年科研人员，属物化探研究所开展野外实验检测基地建设预研究系列项目。2010年在实验场布设了统一的测线和测点，在选定的内蒙古金达莱铜钼矿基地候选地，用CSAMT、时间域IP、高精度磁测、重力调查、反射地震、综合测井及土壤测量、热磁组分测量、岩石地球化学测量、地电化学等地球物理地球化学测量方法技术对矿区、矿床的电、磁、重力、地震等地球物理场特征和矿区岩石、土壤、水系沉积物、气体地球化学特征进行了实测工作，初步建立了实验场地球物理、地球化学特征数据库，为物化探方法技术及仪器检测实验基地建设打下了良好基础。

对实验场开展了地形测绘工作，并按规定网度埋设了测量标志点

在准苏吉花铜钼矿区开展CSAMT、时间域IP、高精度磁测、重力调查、反射地震、综合测井、土壤地球化学、热磁地球化学、岩石地球化学、地电化学等测量工作

中国地质科学院岩溶地质研究所

中国地质科学院岩溶地质研究所2010年承担各类科技项目118项，包括国家科技支撑课题2项、国家973课题1项、国家自然科学项目10项、地质大调查工作项目13项、国土资源部公益性行业专项项目2项、广西自然基金和科技计划项目9项、基本科研业务费项目及重点实验室项目49项、社会服务项目32项。项目总经费合计8414.9万元，其中科技部支撑课题和973课题经费合计2384万元、国家自然科学基金项目资助经费338万元、国土资源部公益性行业专项等项目经费716万元、地质调查项目经费2505万元、社会服务类项目经费1547.9万元、基本科研业务费项目经费924万元。获中国水土保持学会科技奖一等奖1项，二等奖1项；发表论文68篇，其中SCI收录4篇，ISTP论文5篇，EI检索1篇，国外一般性期刊论文4篇，国内核心期刊35篇，国内一般期刊19篇，出版专著3部。

所长兼党委书记姜玉池（左二），副所长、党委副书记兼纪委书记刘雯（右二），副所长黄庆达（右一），副所长蒋忠诚（左一）

年度重要科技项目进展和成果

喀斯特峰丛山地脆弱生态系统重建技术研究：属国家科技支撑计划课题。2010年建立了喀斯特峰丛山地生态重建宏观模式，建设了3个生态效应与经济效益相结合的峰丛山地示范区。研究建立峰丛山地脆弱生态系统植物恢复模式4个、退耕还林模式7个、岩溶水开发利用模式4个、土地整理模式6个、水土保持模式4个、生态产业模式10个、项目运作管理模式3个。研发了峰丛山地生态关键技术12项：峰丛洼地水土保持技术、名特优植物资源筛选与培育技术、峰丛洼地内涝防治技术、经济植物嫁接技术、土壤水分保持与利用技术等。制定果化示范区龙何屯排涝工程方案1个，加强了生态环境监测，新建立固定观测站点16个，监测样地5000m^2，深入开展了岩溶环境与土壤质量变化、水土流失过程、生态系统水分运移与利用、植物的地质适宜性等科学问题的研究，取得了显著进展。项目成果获中国水土保持学会科学技术奖一等奖、二等奖各1项。

广西平果果化岩溶峰丛山地复合型立体生态农业模式

碳酸盐岩缝洞系统模式及成因研究：为国家973计划项目“碳酸盐岩缝洞型油藏开发基础研究”第一课题。揭示了塔河油田碳酸盐岩缝洞系统的形成机制和发育演化特征；恢复了奥陶系古岩溶地貌并划分了二级和三级地貌单元，总结了不同地貌单元区缝洞系统发育特征；将缝洞系统分为单支管道型、管道网络型、构造廊道型等10种类型，并建立了缝洞系统结构模式和地质地球物理响应模式；运用地球化学分析、古地貌恢复和地球物理探测等综合方法识别古岩溶。

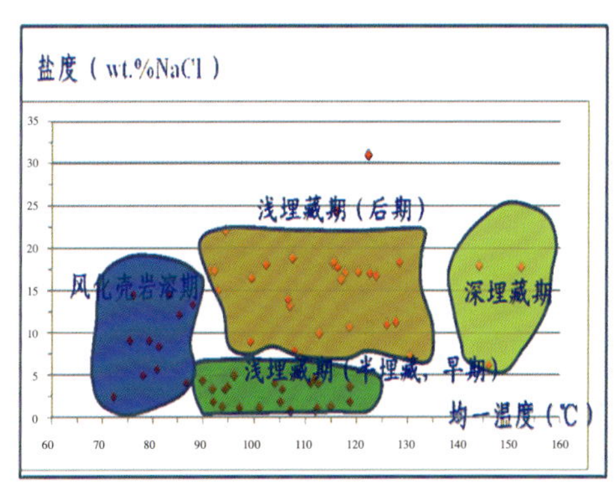

岩溶充填物包裹体对古岩溶作用的指示

项目成果为碳酸盐岩缝洞型油藏地质建模提供了理论指导与技术支撑，指导了该区油气勘探开发。

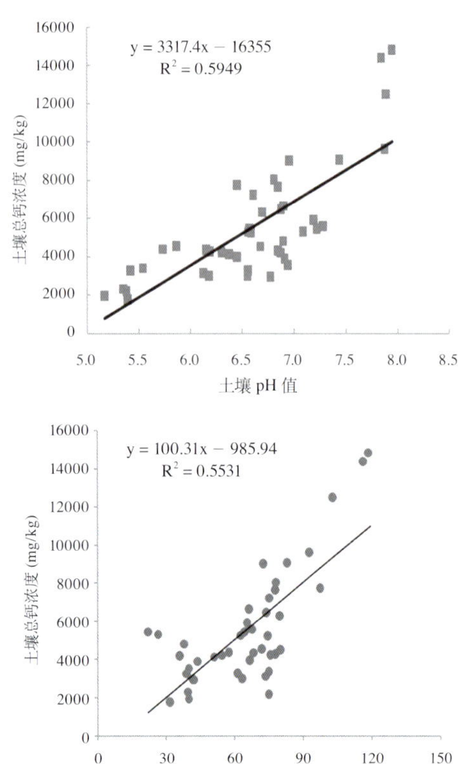

桂林丫吉岩溶试验场土壤总钙含量与有机质含量、与pH值的线性关系

岩溶动力系统中土壤钙迁移及生态环境效应：属国家自然科学基金项目。本项目调查了典型碳酸盐岩及硅酸盐土壤剖面中土壤钙形态及空间变化特征，揭示了碳酸盐岩土壤不同演化阶段以及不同地貌类型土壤钙赋存形态、转化、迁移的动态，研究发现土壤总钙、有效态钙与有机质含量、土壤 pH 值存在显著的相关关系，总钙与全氮含量在一定程度上是互相影响的，有效态钙与土壤全氮存在相关关系，桂林岩溶试验场不同地貌类型土壤中钙总量的变化与降雨量、气温的变化趋势相近。

云南 1∶5 万潞西县—平达幅区调：属地质调查工作项目，计划项目实施单位为中国地质科学院地质力学研究所。本项目首次在测区第四系全新统炭质层、西侧邻区新近系陆相盆地含煤地层中采获了丰富的孢粉化石；应用激光锆石 U-Pb 同位素测年方法，作出在新发现的中酸性火山岩中所获得锆石的同位素年龄谐和图；在测区复式花岗岩体中获得了较多可信度较高的激光锆石 U-Pb 同位素年龄值；首次在区内原奥陶纪花岗岩中获得了早－中寒武纪甚至更老的锆石同位素年龄；项目调查新增加 2 个较高品位的金属矿点：钨矿和白水铅锌矿。该项目在地层、岩石、构造和成矿等方面取得的丰富成果可为大理 — 瑞丽铁路工程规划建设和测区经济社会发展提供基础地质资料和科学依据。

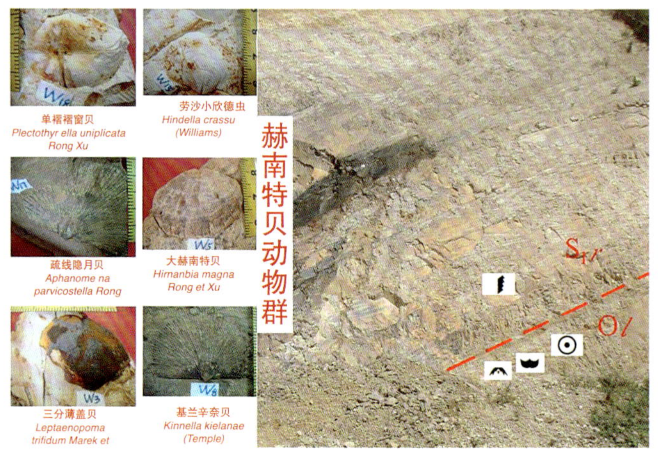

项目发现赫南特贝动物群

西南严重缺水地区地下水勘查：属地质调查工作项目。本项目通过分析岩溶地区的地形地貌、地层岩性和地质构造条件，总结岩溶地区地下水的赋存、分布与富集规律，在贵州平塘、晴隆、贞丰、望谟县、贵定县定井开孔 24 眼，成孔 22 眼，成井率达到 91.7%，成井总涌水量每日 15968 吨，受益人口 5.5 万人。在广西工区，根据区域水文地质条件，开展地下河提水水源探测，采用洞穴探险专用技术在天窗、竖井中寻找地下河水源，共确定了 11 个天窗洞穴，总涌水量达 6.7m^3/s，完成施工地下河提水 6 处，解决 4760 人和 2630 头牲畜饮水及 7000 亩耕地灌溉用水，巴马县选定井位 6 处，完成钻探成井 4 口，总涌水量达 2360m^3/d，受益人口达 2300 余人，抗旱效果显著，受到抗旱总指挥部的表彰。

贵州平塘县抗旱找水打井成功

西南岩溶石山地区重大环境地质问题及对策研究：属地质调查项目。项目统一制定了各类重大环境地质问题分类图的制图方案。考察了西岩溶石山地区重大环境地质问题，系统总结该区已有水文地质环境地质调查研究成果，核实典型地下河近 20 年来水质、水量变化及其原因，分析研究影响西南岩溶石山地区社会经济发展的重大环境地质问题，并提出相应的对策建议。

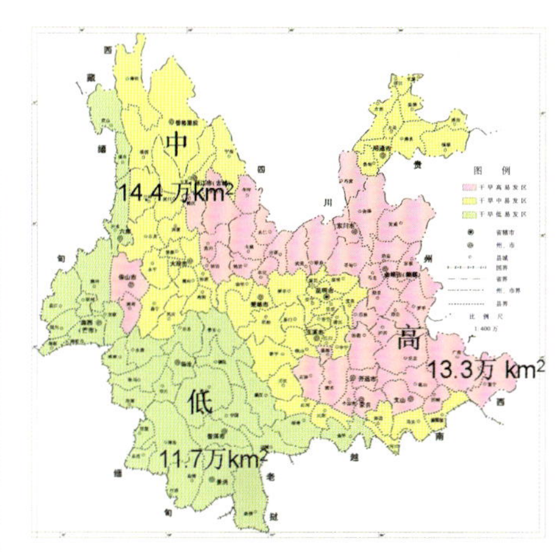

云南省干旱灾害易发性分区

中国典型流域岩溶碳汇调查研究：属地质调查项目。本项目根据 HCO_3^- 值计算不同岩溶流域的 CO_2 含量和单位面积年通量，通过对桂江流域岩溶区和非岩溶区植被类型及生物量计算，研究了土地利用 / 覆被变化对土壤和空气中 CO_2 的影响。发现地下河或泉水出口跌水释放 CO_2 作用明显。调查典型地区岩溶作用与碳循环的关系，查明流域内不同岩溶环境和岩溶作用下碳汇量、条件及控制因素，分析我国不同岩溶地区地质、气象、水文、土地利用和生态环境对流域碳汇的影响；建立典型流域及全国岩溶地区碳汇数据库，进行典型流域及我国岩溶地区基于 GIS 平台的碳汇潜力评价。

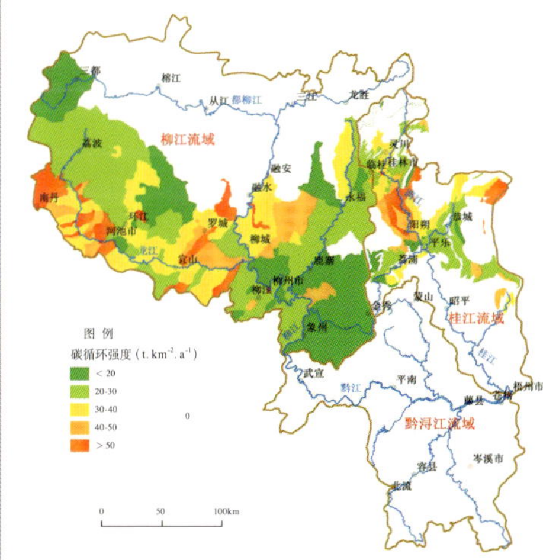

桂江、柳江流域岩溶区 CO_2 单位面积年通量分布图

赤水河流域野外调查和洞穴探测

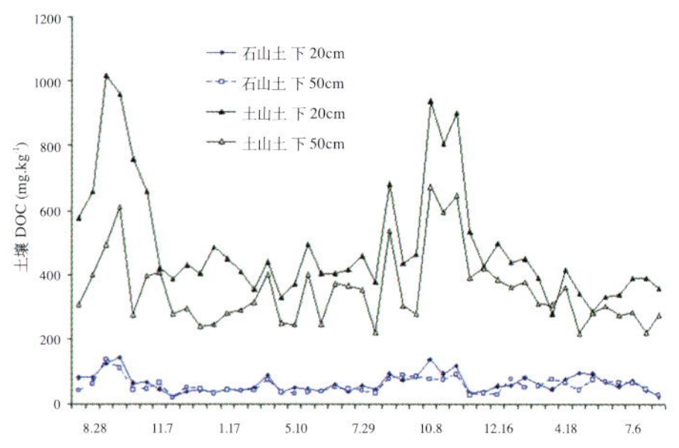

毛村土壤水溶性有机碳DOC随时间的变化，及石灰土与红壤的对比

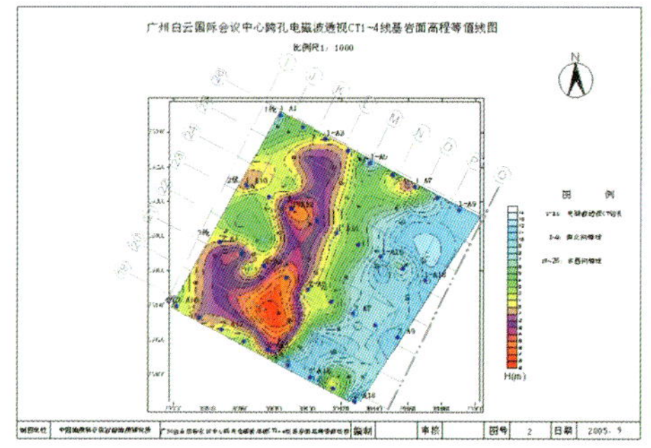

广州白云国际会议中心跨孔电磁波透视CT1–4线基岩面高程等值线图

贵州重点地区岩溶流域水文地质及环境地质调查: 属地质调查工作项目。本项目2010年完成了贵州赤水河流域岩溶水文地质及环境地质调查和填图面积9194km^2，其中碳酸盐岩面积5100km^2，野外定点3636个；水文地质钻孔8口，钻探总进尺1207.91m，成井6口，总涌水量3676.40m^3/d，解决区内16900人饮水和部分农田灌溉问题；调查地下河44条，总长度为178.8km。查明了工作区岩溶发育和生态地质环境特征，系统总结了区内岩溶地下水的赋存形式、分布特征以及开发利用条件，为西南岩溶地区地下水开发利用和环境保护提供了科学依据和技术支撑。

岩溶动力系统与碳循环: 属地质调查项目。项目通过对黔桂典型岩溶流域的调查、动态观测和研究，同时对滇、渝等西南其他岩溶区进行代表性的监测，做出不同土地利用方式对岩溶作用碳汇的评价和典型岩溶流域综合岩溶作用强度评价；开展土壤碳储潜力评价，揭示C/N、C/Ca耦合关系，探索岩溶动力系统大气CO_2减排技术途径；研究碳酸酐酶在生态环境中行为及岩溶动力学意义；建立岩溶记录替代指标与温度、降雨、植被的定量关系，探索其与大气CO_2分压之间的定量关系，开展国际交流与对比研究。

广州白云国际会议中心勘察设计: 属社会服务项目。项目通过试验建立物理–地质模型，标定并获得了自然状态下非均匀场的背景值，以及岩体、岩溶（异常目标）对电磁波的吸收系数值。与岩体中非连续介质对电磁波吸收系数值进行对比研究，利用吸收系数值，对隐伏岩溶及岩体非连续介质结构面进行分析和标定，形成物探图像处理和异常识别的技术方法，较精确地判读岩溶发育的空间位置、形态、类型及分布特征等。实现了对隐伏岩溶及岩体非连续介质结构面评价的目标，解决了建设工程中隐伏岩溶及岩体非连续结构面的工程地质问题，为工程安全提供了科学依据和预警预报。

轮南—哈拉哈塘地区奥陶系岩溶地貌特征及岩溶储层综合评价：属社会服务项目。本项目通过工作恢复了轮古西、轮古7井区、轮古中斜坡及哈拉哈塘微地貌与古水系，开展了轮南-塔河连片潜山风化壳古岩溶地貌恢复及微地貌的刻画等相关研究，通过井下岩溶识别与描述、岩溶作用产物测试分析、单井古岩溶剖析、古岩溶系统发育规律及演化研究、古风化壳岩溶发育控制因素研究相结合，系统研究了古岩溶地貌与古岩溶缝洞系统发育规律，为轮南-哈拉哈塘地区奥陶系岩溶地貌特征及岩溶储层综合评价预测提供了科技支撑。

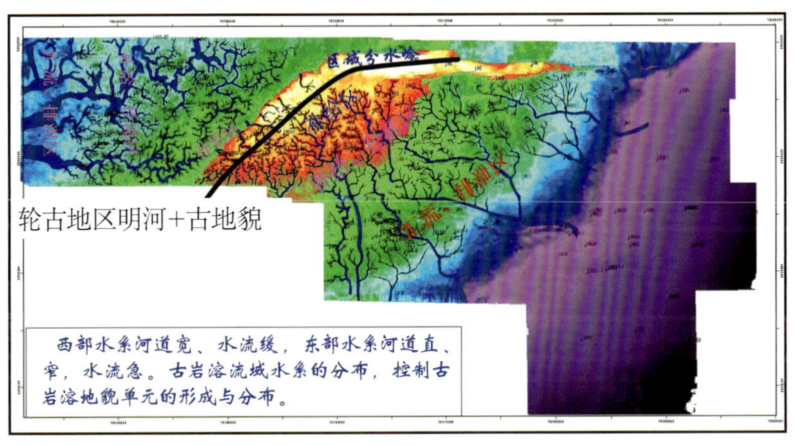

轮古地区古水文和古地貌恢复

郭壁城市用水水源地调查及物探项目：属社会服务项目。项目开展了寒武系岩溶水的汇水条件及开发条件调查论证，完成了寒武系岩溶水的补给区补充调查125.4km^{2}及填图工作；典型线路调查500km，数字化1:1万地理底图8幅；针对水源地建设进行更为深入的调查及物探工作，采用V8电磁测量仪等多种物探方法开展工作，完成布置测线31条，总长为16.04km；圈定出寒武系岩溶地下水开发的有利地段，提供了新的水源地开采靶区，并确定了新水源地勘探孔的位置。

野外调查

评审会现场

国家地质实验测试中心

国家地质实验测试中心2010年共承担科技项目78项，包括国家级项目25项、国土资源部公益性行业科研专项项目1项与课题13项、地质矿产调查评价计划项目1项、工作项目7项、工作内容2项，参加国家重点实验室项目1项，承担基本科研业务费项目24项、横向合作开发课题3项。全年实际到位科研经费总计1745.17万元，其中国家级项目经费262.1万元，地质矿产调查评价项目（矿产资源补偿费）经费795万元，国土资源部公益性行业科研专项489万元，基本科研业务费项目经费186.8万元，横向合作与开发课题经费12.27万元。

截至2010年底，国家地质实验测试中心有在职职工111人，其中专业技术人员96人，包括正高级职称20人、副高级职称19人，中级职称46人，有博士学位研究人员18人，硕士学位研究人员33人，本科38人。现有3个职能处室、5个专业研究室、2个其他业务机构，有1个院级重点开放实验室、1个公开出版的学术期刊《岩矿测试》、3个专业委员会挂靠在中心。

主任兼党委书记尹明（中），副主任吴淑琪（右二），副主任兼党委副书记、纪委书记宋其敏（左二），副主任罗立强（右一），副主任沈建明（左一）

2010 年，国家地质实验测试中心荣获国土资源科学技术奖一等奖、二等奖各 1 项，《硅质海面骨针矿化机制及仿生研究》被评为中国地质科学院年度十大科技进展。获得实用新型专利 2 项，参加国家计量技术规范（JJF1218-2009）编写《国家一级标准物质研制报告编写规则》1 项。公开发表论文共计 119 篇，包括 SCI 检索论文 34 篇。合著英文专著 2 部，合著中文专著 1 部。

年度重要科技项目进展和成果

地学研究中的重要标准物质研制：属科技部基础性工作专项项目，项目负责人屈文俊研究员。围绕当前资源环境研究领域的热点问题，按照国际标准化组织和国家一级标准物质技术规范要求，联合美国、德国、法国、中国科学院、原子能院等的多家国内外权威实验室，采用高精度质谱仪、激光微区分析仪、中子活化分析仪等国际先进的分析仪技术共同定值，研制出 3 类共 9 个地学研究中急需且特殊的标准物质。包括 3 千克铜镍硫化物和 10 千克海山富钴结壳的 Re、Os 含量及 Os 同位素比值的标准物质各 1 个；玻璃态硅酸盐微区原位痕量元素分析标准物质 4 个，其中每个标准物质存量为 300 克，定值元素达到 40 个；具有超细粒度的海湾、河口沉积物标准物质 3 个，其中每个标准物质重量为 20 千克，定值元素达到 54 个。在国内外核心期刊发表论文 8 篇，培养硕士研究生 4 名。同时，系统收集了美国、加拿大、日本、荷兰、英国和中国大陆及台湾地区等全球十几个工业发达国家和地区的有关土壤地球化学有机分析国际、国家、地区和行业标准 600 多个，包括分析方法标准、参考物质标准和土壤地球化学评价指标三大类，并进行了分类和整理。对国内外土壤有机分析参考物质的研究现状进行了分析，对我国开展此方面的研究所存在的问题进行了探讨，并提出了解决问题的建议。

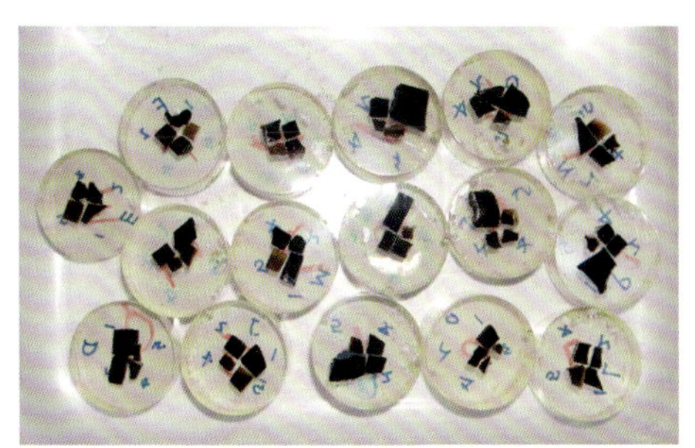

项目实施所取得的成果在地学基础性研究及矿产资源、海洋资源调查开发研究方面具有重要的意义。其中铜镍硫化物和海山富钴结壳的 Re、Os 含量及 Os 同位素比值的标准物质、玻璃态硅酸盐微区原位痕量元素分析标准物质的研制填补了国内空白；海湾、河口沉积物标准物质进一步完善了我国的海洋地质标准物质体系和超细标准物质体系。研究成果不仅有助于解决该领域由于缺乏相应标准物质而导致基础研究和资源环境调查评价数据缺乏科学依据的问题，使研究和调查数据更具有可靠性与可比性。同时，通过有计划地开展地学研究中的标准物质研制和标准资料的收集整理，将有助于逐步健全完善我国的地质实验标准体系，推动地质实验科技基础性工作的发展。

野外实验用水由车载水箱供给

配备手持原位 XRF 分析仪

多功能车载野外实验分析装备：属科技部 863 项目（资源环境领域），由国家地质实验测试中心、中国地质科学院地球物理地球化学勘查研究所、中国地质科学院勘探技术研究所、北京探矿工程研究所联合承担。项目成功地将小型能量色散 X 射线荧光光谱仪（EDXRF）、光导比色仪、测汞仪、小型气体质谱仪、UPS 供电系统、发电机（两台）、碎样机、水箱及其他辅助设备集成于一台依维柯四驱特种车上，搭建了车内实验台面，研究了适合野外现场的样品制备、分析方法。成功地研制了具备 30m 深度钻探能力的小型车载式空气正/反循环钻机各一台，并研究了相应的钻探采样工艺。

可用于贵金属、贱金属、汞等元素分析的多功能车载野外实验分析车及车载碎样机及辅助制样器具

车载实验室内部实验平台（右侧最内部平台下安装在线式 UPS 供电系统）

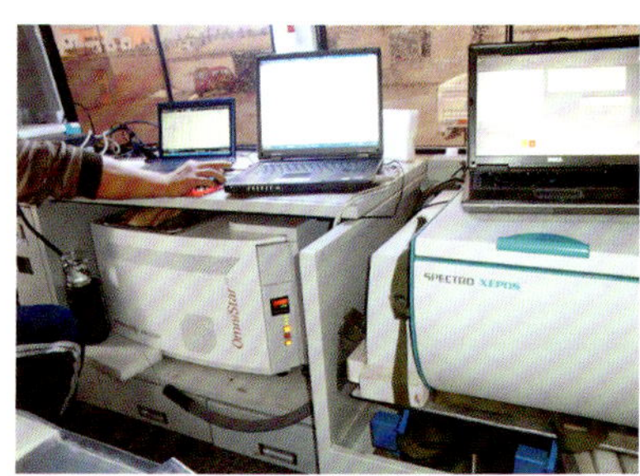

车载实验室仪器（自左至右：光导比色仪、气体质谱仪、偏振 EDXRF）

实验车配备

2009 年 7 ~ 9 月，实验车分别开赴内蒙古西乌旗铅锌矿区和新疆金窝子金矿区，历时 2 个月，行程约 7000km，经受了草原和戈壁等不同颠簸路段的考验之后，各仪器设备运转正常，在现场和驻地完成了近 400 件浅钻样品的制备和多种元素含量的测试工作。在金窝子矿区，还开展了地表浅层气体和钻孔气体的气袋采样和 H_2、He、CH_4、CO_2、O_2、Ar 等气体组分的车载质谱仪测试工作，并通过车载化移动方式，对示范区钻孔进行了原位气体采集和在线测试。现场元素分析数据与实验室分析数据的对比结果表明，K、Ca、Ti、V、Cr、Mn、Fe、Ni、Cu、Zn、Ga、As、Rb、Sr、Y、Zr、Nb、Ba、Pb、Th、Au、Hg 等 20 余种元素分析数据的一致性良好，同时也可以分析矿化的或含量较高的 W、Sn、Bi、Mo、Ag，还可给出 Al、Si、P、Cl、Br、Hf、U 等元素的近似含量。2010 年 7 ~ 8 月，实验车开赴青海祁漫塔格高原（海拔 4000m）多金属矿区，开展了探槽和岩心样品的现场制备和 EDXRF 分析工作，分析样品约 300 件。

车载实验室内部实验平台（右侧最内部平台下安装在线式 UPS 供电系统）

可钻进 30m 的空气反循环车载浅钻取样设备（新疆金窝子戈壁覆盖区）

车载实验室在内蒙古西乌旗草原

地表浅层气和钻孔气原地快速质谱分析（新疆金窝子）

3 次野外分析工作表明，所设计的仪器车载化方案可行，可在草原、戈壁、高原等偏远地区勘查找矿现场和驻地分析贱金属、贵金属和汞等近 30 种重要矿产和环境元素，现场分析方法快速、准确，精密度与同类设备实验室精度相近，可为资源、环境调查提供可靠的现场分析技术支撑。在内蒙古西乌旗和新疆金窝子开展的空气正 / 反循环浅钻取样示范和试验工作表明，研发的取样钻机及取样工艺可为偏远干旱覆盖区基岩取样提供技术支撑，也为后续钻机及取样工艺的研究提供了宝贵经验。

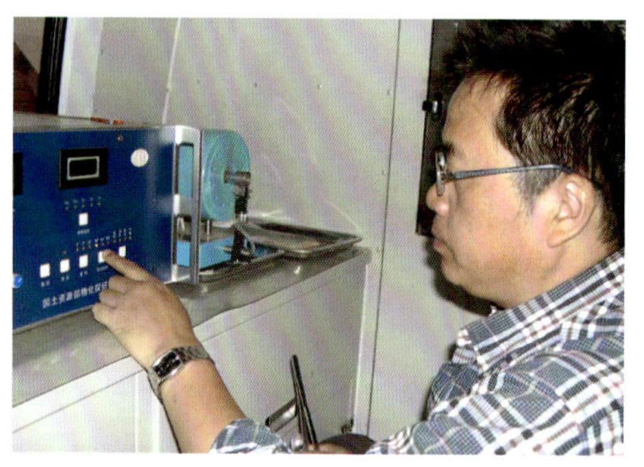

利用车载测汞仪分析样品中的汞含量(内蒙古西乌旗)

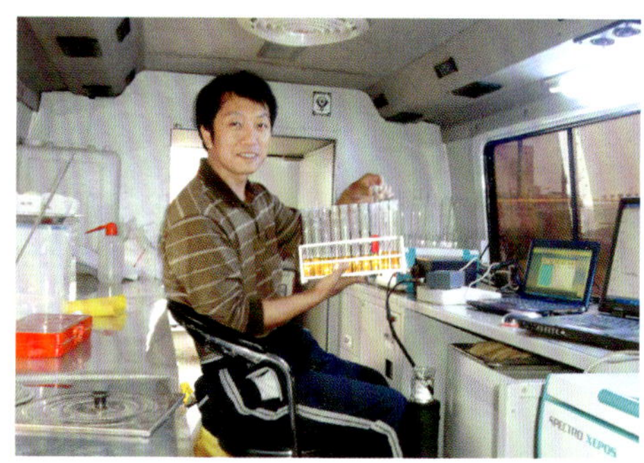

利用车载光导比色仪分析样品中的金 (新疆金窝子)

课题组在草原和戈壁野外取样分析示范

4 重要科技奖

2010 年全院共有 160 项科技成果通过评审验收，通过验收的项目包括国家项目 28 项、地质调查项目 25 项、其他科技项目 107 项，其中 45 个项目成果被评定为优秀级。2010 年全院获得各类科技奖励 14 项，包括国家技术发明奖二等奖 1 项，国土资源科学技术奖一等奖 3 项、二等奖 7 项，其他省、部级一、二等奖 3 项。国家发明专利 1 项、实用新型专利 5 项。

中国地质科学院矿产资源研究所张荣华研究员完成的“高温高压流体和流动反应原位观测装置、方法和整合技术”获国家技术发明奖二等奖。地质研究所完成的“青藏高原地体拼合、碰撞造山及隆升机制”、国家地质实验测试中心等单位完成的“首都北京及周边地区水、土环境污染机理与调控原理”、矿产资源研究所等单位完成的“中国东部中生代多阶段成矿的过程与背景”分别获得 2010 年国土资源科学技术奖一等奖。地球物理地球化学勘查研究所等单位完成的“城市环境地球化学调查异常查证方法技术研究”等 7 项成果荣获 2010 年国土资源科学技术奖二等奖。

项目名称	完成单位	主要完成人员	获奖类别
高温高压流体和流动反应原位观测装置、方法和整合技术	中国地质科学院矿产资源研究所	张荣华	国家技术发明奖二等奖
青藏高原地体拼合、碰撞造山及隆升机制	中国地质科学院地质研究所	杨经绥、许志琴、李海兵、张建新、吴才来、姜　枚、戚学祥、孟繁聪、陈松永、钱　方、崔军文、陈　文、姚建新、田树刚、苏德辰	国土资源科学技术奖一等奖
首都北京及周边地区水、土环境污染机理与调控原理	国家地质实验测试中心、中国地质大学（北京）、中国地质科学院地球物理地球化学勘查研究所、中国农业大学	黄怀曾、李家熙、刘晓端、成杭新、陈　明、陈鸿汉、谢学锦、王亚平、黄冠华、严光生、葛晓立、汪双清、徐　清、许　虹、袁红莉	国土资源科学技术奖一等奖
中国东部中生代多阶段成矿的过程与背景	中国地质科学院矿产资源研究所、中国科学院地质与地球物理研究所、中国地质大学（北京）、河南省有色金属地质矿产局	毛景文、翟明国、谢桂青、张　旗、杨进辉、叶会寿、陈　斌、王义天、范宏瑞、李永峰、苗来成、郭保健、颜丹平、胡芳芳、代军治	国土资源科学技术奖一等奖
城市环境地球化学调查异常查证方法技术研究	中国地质科学院地球物理地球化学勘查研究所	朱立新、马生明、汤丽玲、张　勤、王之峰、胡树起、刘崇民、吴文鹏、高艳芳、吴昆明	国土资源科学技术奖二等奖
多目标地质调查中主要有机物分析方法研究及应用	国家地质实验测试中心	饶　竹、李　松、黄　毅、何　淼、贾　静、宋淑玲、王苏明、王祎亚、祁　鹏、苏　劲	国土资源科学技术奖二等奖

续表

项目名称	完成单位	主要完成人员	获奖类别
中国花岗岩重大地质问题研究	中国地质科学院地质研究所、中国地质调查局武汉地质调查中心、中国地质大学（北京）、河南省国土资源科学研究院、中国地质大学（武汉）、中国地质调查局发展研究中心	肖庆辉、王　涛、邓晋福、莫宣学、卢欣祥、洪大卫、谢才富、罗照华、邱瑞照、王晓霞	国土资源科学技术奖二等奖
我国陆域永久冻土带天然气水合物资源远景调查	中国地质科学院矿产资源研究所	祝有海、赵省民、卢振权、刘凤山、邓　坚、张志攀、刘国兴、侯读杰、孙旭光	国土资源科学技术奖二等奖
天山铜矿带找矿靶区优选	中国地质科学院矿产资源研究所、新疆维吾尔自治区地质矿产勘查开发局第六地质大队、长安大学	杨建民、张玉君、邓　刚、薛春纪、傅旭杰、姚佛军、吴　华、高景刚、程松林、郭月敏	国土资源科学技术奖二等奖
战略性矿产单矿种编图及成矿规律研究	中国地质科学院矿产资源研究所	赵一鸣、吴良士、邓颂平、白　鸽、袁忠信、叶庆同、芮宗瑶、盛继福、林文蔚、党泽发	国土资源科学技术奖二等奖
扬子地台西缘变质基底演化	中国地质科学院地质研究所	耿元生、杨崇辉、王新社、杜利林、任留东、周喜文	国土资源科学技术奖二等奖

张荣华在国家科学技术奖励大会上（2011 年）

高温高压流体和流动反应原位观测装置、方法和整合技术

张荣华研究员为探测地球深部资源，探索极端条件下物质性质，20 多年来不断创新发明仪器和反应装置。2010 年获国家技术发明奖二等奖。高温高压原位直测在国际界有两大方向：化学传感器，有窗口反应腔。获奖项目包括授权的 6 项国家发明专利和 2 项实用新型专利，以高温高压原位直测的两大方向为核心，完成“高温高压流体和流动反应原位观测装置、方法和整合技术”。

主要成果及创新点包括：

（1）发明探测深部流体的多种高温高压化学传感器和集成化探测装置：适于 0 ~ 400℃，40MPa（更高温压）原位测量流体 pH，H_2，H_2S，Eh 参数。包括：①由 Zr/ZrO_2 电极为核心组成集成化高温高压化学传感器。Zr/ZrO_2 电极是国际第一次作为高温高压传感器使用；② pH 化学传感器，用 Zr/ZrO_2 电极测量，配合 Ag/AgCl 参比电极；③金电极的 H_2 化学传感器：金属烧在石英棒内；还可做 Eh

化学传感器；④ Ag/Ag_2S 电极的 H_2S 化学传感器。⑤两类高温高压化学传感器检测标定实验平台。检测高温高压流体 pH，H_2，H_2S，Eh。⑥ Zr/ZrO_2、Au 等 5 种电极组成的、可同时测量 pH、H_2、H_2S、Eh 参数的集成化化学传感器。不同类型的集成化探测装置。各种传感器都是新型结构新工艺。解决了国际技术难点——不能在大温度范围连续测量。而且其体积小，具稳定性，寿命长，适于在 0～400℃下连续使用、过程监测和极端环境直接投放。

（2）发明高温高压窗口原位直测与多种谱学结合的仪器方法：有高温高压窗口反应腔，结合多种谱仪原位直测装置。如可置于紫外可见谱仪中有窗口高压反应器，连接紫外可见谱仪，接流动系统。在 500℃ /50MPa 下准确测量流体成分、温度和压力。国际产品的光学池只测温和谱图，且温度、压力低。

（3）发明高温高压流动反应动力学实验和原位观测流体化学参数的实验平台：用 pH、H_2 和 H_2S 高温高压化学传感器监测。一种是输入液相的流动装置，另一种为输入气体和液体两相的流动装置，还包括①安置高温高压化学传感器的高压釜和反应装置；②多元气液混合超临界流体反应，相分离装置。

（4）高温高压流动反应动力学实验和原位观测流体方法的整合实验装置技术：包括高温高压化学传感器、窗口观测和谱仪连接的流动反应装置。

解决高温高压过程中无法连续原位检测的技术难题，推动探测地球深部资源方法技术发展，已用于深海异常条件下化学参数快速探测，在南海 3100m 深海投放测量。实验发现气体迁移金属，认识资源分布新机制。创造高温高压新数据，促进科学发现：国际上首次发表 Zr/ZrO_2 传感器纳米膜材料等论文在国际分析化学刊物（影响因子 5.7）两次发表。国际市场无产品。发明研制的仪器优于美欧国家仪器同类研制水平，实现极端条件下原位探测、地球深部、高温高压反应原位过程监测，有利于国家尖端技术发展，潜在的科技远景巨大。

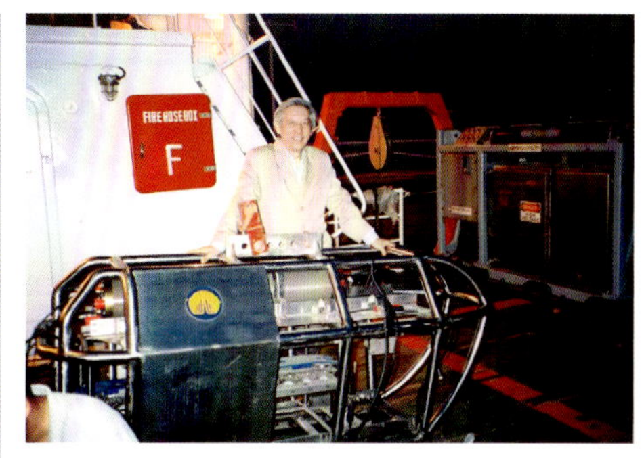

2004 年海试前，张荣华等自主研制的集成化高温高压化学传感器装载在大洋一号拖体上

张荣华等研制的集成化高温高压化学传感器连接定点投放装置，在我国南海投放到 3100m 海底深处试验（2004 年）

张荣华在使用 1995 年研制的带传感器的高温高压反应釜

青藏高原地体拼合、碰撞造山及隆升机制

杨经绥研究员等负责的原地矿部、中国地质调查局及科技部等5项基础地质综合研究项目与课题的综合集成成果获2010年度国土资源科学技术奖一等奖。主要成果和创新点是：①确定了青藏高原东−西昆仑、南−北祁连，以及北阿尔金等诸多蛇绿岩组合和岛弧环境的火山体系；发现拉萨地体中的古特提斯缝合带，修改了青藏南部的板块体制，为建立青藏高原特提斯的板块体制作出基础性、创新性贡献。②发现和厘定350km长的柴北缘早古生代超高压变质带，确定南阿尔金榴辉岩的早古生代超高压变质证据，证明柴北缘和南阿尔金带为被阿尔金断裂切割的同一条带。发现拉萨地体内的高压/超高压榴辉岩带。系统阐明青藏高原高压/超高压变质带的展布、属性、大地构造背景及其形成的动力学环境。③始特提斯多地体/多岛弧/多弧前海的构架表明诸多的俯冲增生型山链可以产生在地体边界的活动陆缘一侧；古特提斯南、北两洋盆的双向俯冲构筑了双向俯冲型山链；碰撞型山链由于地体边界与块体驱动方向的几何学关系形成"正向碰撞型"和"斜向碰撞型"造山类型。④阿尔金左行走滑形成时限至少在220～250Ma，根据阿尔金断裂两侧地体单元、边界及高压/超高压变质带的对比，确定阿尔金左行走滑位移量至少400km。阐明2001年东昆仑8级大地震的同震破裂构造及地震形成机理。⑤在青藏高原南部高喜马拉雅岩片中发现前寒武纪变质基底与早古生代盖层之间的EW向韧性拆离剪切带，与高喜马拉雅岩片的挤出时间相当。提出垂向挤出机制和侧向水平挤出机制耦合的新观点；提出青藏高原北缘阿尔金−祁连山−西昆仑在白垩纪已开始崛起。⑥利用青藏高原地震层析资料初步建立深部地壳/地幔结构，提出青藏高原南部印度岩石圈板片的陆内超深俯冲、北缘克拉通的陆内浅俯冲、腹地深地幔热结构以及超岩石圈的"右旋隆升"及物质向东挤出的动力学模式。

首都北京及周边地区水、土环境污染机理与调控原理

以黄怀曾研究员为第一首席科学家的“973”项目成果获2010年国土资源科学技术奖一等奖。项目首次以水–土–气环境污染综合观测为基础，发现城市地下水与土壤环境相关“污染链”及其相互转化潜在危险。揭示出北京地区水库重金属污染物累积效应与突发机制。发现水、土环境污染新毒素及生物降解污染治理新菌种，提出烃类持久性污染控制、生物基因、微生物修复和光降解原理。提出磷素“激活”迁移转化理论，为治理湖泊富营养化污染提供了有效的新途径。提出了城市土壤重金属、地下水污染迁移、转化模型及其治理途径。建立了北京近郊区水、土、气环境污染综合数据库及地球化学环境污染评估、预警平台。项目成果得到了广泛的应用，受到北京市政府和有关部门的高度评价，为北京的“碧水蓝天”工程作出了贡献。

专家组合影

野外工作现场

专家评审现场

中国东部黑色有色贵金属成矿图

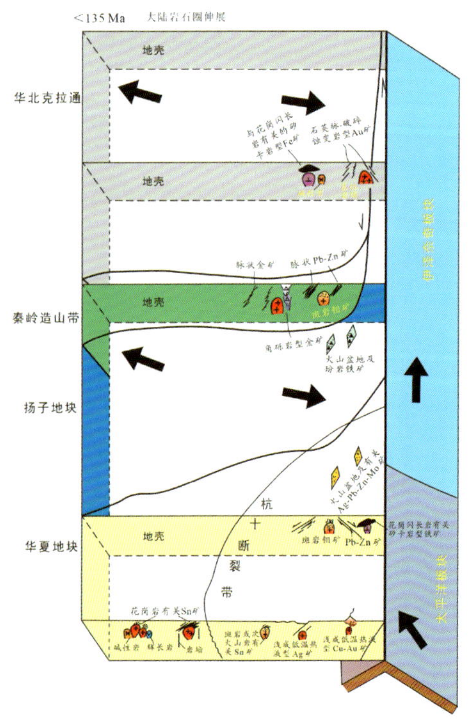

中国东部白垩纪地球动力学演化与成矿作用模型图

中国东部中生代多阶段成矿的过程与背景

由毛景文研究员负责的“中国东部中生代多阶段成矿的过程与背景”获 2010 年国土资源科学技术奖一等奖。主要创新成果包括：①通过系统高精度放射性同位素测年，厘定我国东部中生代成矿作用不是连续过程，具有 3 个峰期，即由晚三叠世（230 ~ 200Ma）、中晚侏罗世—早白垩世（175 ~ 135Ma）和早中白垩世（135 ~ 80Ma，华北 135 ~ 110Ma，华南 125 ~ 80Ma）3 个重要成矿事件叠加而成，这三次成矿事件的厘定为研究东部成矿动力学过程奠定了基础。②中国东部中生代出现的重大地质事件之一就是构造体制大转换，由原来的特提斯构造体制转换为太平洋构造体制。根据金属矿产形成最早时间及其动力学特点，本次研究明确提出中国东部中生代构造体制大转换发生于（175±5）Ma，盛于 160 ~ 140Ma 左右，完成于 135Ma 左右。③论证了白垩纪岩石圈大伸展与巨量金属堆积成矿的耦合关系，研究提出 135Ma 左右是东亚大陆边缘另一次重要的地球动力学转变时刻，此后中国东部岩石圈出现大规模伸展，巨量成矿物质堆积在大陆边缘火山盆地、断陷盆地和变质核杂岩内。④通过对中国东部三叠纪矿床的系统研究，提出晚三叠世钨锡钼金和稀有金属矿床形成于华南、华北和印支三大板块的碰撞晚期及后碰撞环境，该期矿床的找矿评价为一个新的找矿方向。⑤埃达克岩（Adakite）是具有特定地球化学特征的一套中酸性火山岩和侵入岩组合。相对于洋岛的“O”型埃达克岩，结合我国东部的特点，创新性地提出“C”型埃达克岩，论证其形成于大陆加厚岩石圈环境，与斑岩铜矿密切相关。⑥从矿床时空结构和成矿过程研究切入，探讨了重大地质事件与大爆发成矿的耦合关系，系统地提出了中国东部中生代成矿动力学模型，初步形成了颇具特色的大陆板内成矿理论体系。⑦项目共发表 135 篇论文，被 SCI 论文引用 1883 次，被 SCI 论文他引 1383 次，131 篇论文被 CSCD 论文引用 2544 次，被 CSCD 他引 1865 次，合计被引用 4427 次，被他引高达 3248 次。相关方面成果应邀在日本资源地质学会和韩国矿床地质学会年会作大会报告，在第 13 届国际矿床成因协会作主旨发言。⑧项目核心内容（岩石圈伸展与成矿模型）写入国际矿床学的权威教材 *Hydrothermal Processes and Mineral Systems*（Springer 出版社，2009 年），成果被 2005 年国际最有影响的矿床学研究总结《经济地质 100 年》多次引用。

城市环境地球化学调查异常查证方法技术研究

朱立新研究员负责的“城市环境地球化学调查异常查证方法技术研究”项目获2010年国土资源科学技术奖二等奖。项目应用地球化学和矿物学相结合的方法，通过系统的试验研究，提出了城市环境地球化学异常成因判别方法的理论基础和试验依据，查清了人为和自然成因异常的形成机理，探明了控制异常组分生态效应的最根本因素，制定了城市环境地球化学异常查证及评价方法。试验研究过程中发现的辰砂和“微球粒”等物质含量与土壤重金属异常强度有很好的相关性，这一现象不仅为土壤表层中汞的存在形式研究提供了证据，也为大量存在的汞异常区的环境质量评价、汞污染区环境修复，以及汞表生地球化学性质研究提供了确凿的试验资料和理论依据，给城市环境地球化学异常成因及其形成机理研究注入了新的思路。

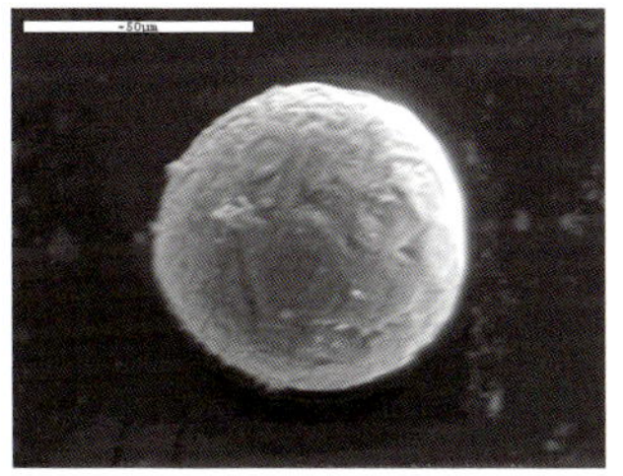

土壤重金属异常区发现的辰砂（左上图和右上图）和“微球粒”（左下图和右下图）

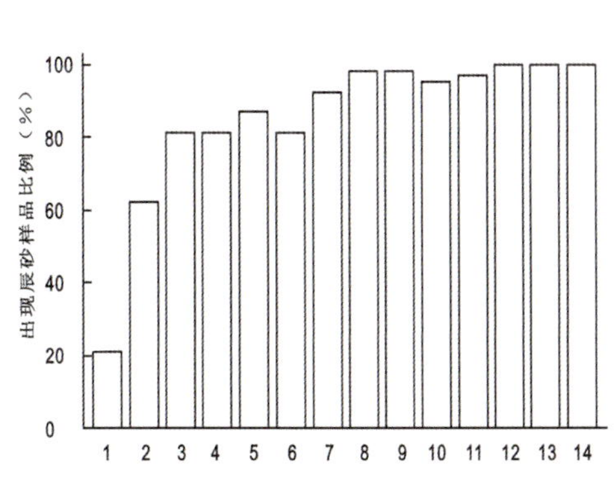

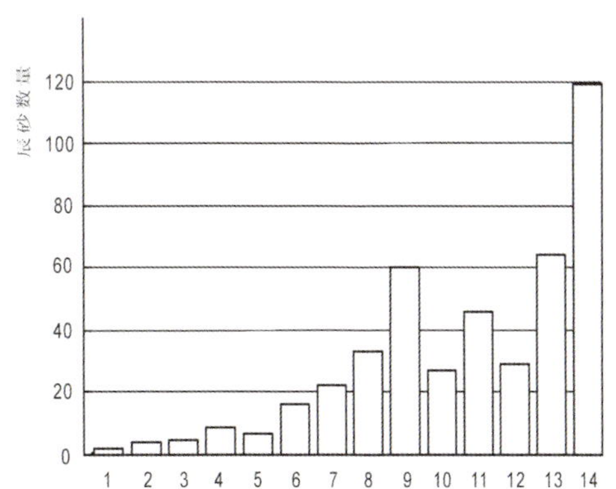

土壤 Hg 含量与辰砂出现频率相关性（左）及与辰砂数量相关性（右）图示

注：横坐标为土壤中 Hg 含量（$\times 10^{-9}$）

1—0～20；2—20～40；3—40～60；4—60～80；5—80～100；6—100～200；7—200～400；8—400～600；9—600～800；10—800～1000；11—1000～1500；12—1500～2000；13—2000～4000；14—>4000；辰砂数量：粒 /5kg

2008 年 6 月 3 日，项目组参加汶川水质应急国家标准《水质组胺等五种生物胺的测定》的验证工作

多目标地质调查中主要有机物分析方法研究及应用

饶竹研究员负责的“多目标地质调查中主要有机物分析方法研究及应用”项目获 2010 年国土资源科学技术奖二等奖。项目利用新技术和新方法，提高分析灵敏度、准确度，在地质系统首次建立了多目标地质调查中挥发性卤代烃、苯系物、总石油烃、有机氯农药、多环芳烃、多氯联苯等有机污染物系列分析方法，形成了“多目标地质调查中主要有机物分析方法”及集样品采集、检测、全流程质量控制为一体的“地下水调查有机必测 37 种组分系统分析方法”，其方法性能指标达到国际水平；为地质行业开展有机污染物检测、培养行业有机分析测试技术骨干队伍和“全国地下水质调查和污染评价专项”的实施发挥了关键性的技术支撑，拓展了地质工作领域。2008 年项目组还参与国家标准《水质组胺等五种生物胺的测定》（GB/T21970-2008）、《原料乳中三聚氰胺快速检测》（GB/T22400-2008）的起草和验证工作，取得了良好的社会效益。

项目组部分成员在进行学术交流

中国花岗岩重大地质问题研究

肖庆辉研究员负责的中国地质调查局基础地质综合研究项目成果“中国花岗岩重大地质问题研究”获2010年国土资源科学技术奖二等奖。项目选定华南、秦岭、兴蒙、燕山和东昆仑5个具有重大地质意义的、独具特色的花岗岩带，通过重点区段的深入研究、解剖和有关图幅的协作研究，建立重点区段花岗岩构造事件的时序；总结中国典型地段不同成因类型花岗岩的形成构造环境、大陆地壳生长方式，探索中国花岗岩与大陆生长相关的重大科学问题；获得一批高质量的地球化学、同位素地球化学测试数据，特别是高精度的锆石SHRIMP年龄，解决了一些长期以来存在的岩体和成矿时代问题，初步建立了5个典型花岗岩带重点区段花岗岩浆-构造事件时序格架，对一些大地构造格局和演化提出了新的认识。

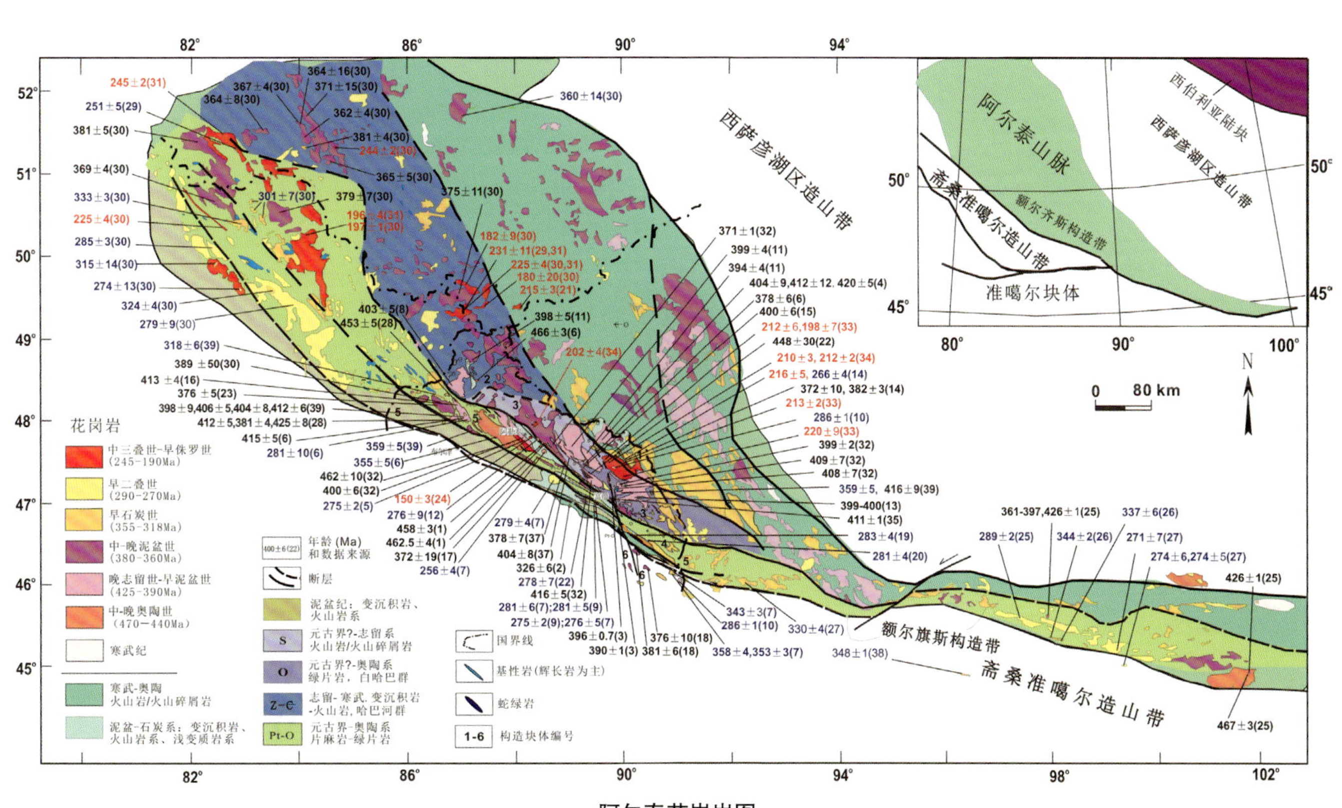

阿尔泰花岗岩图

祝有海研究员在羌塘盆地采集冷泉气样品

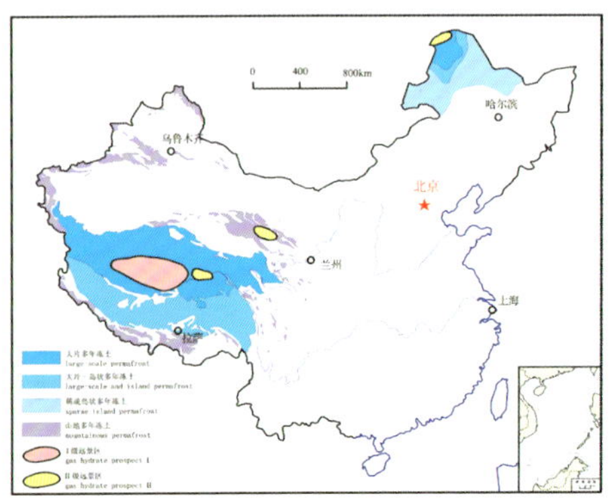

中国冻土区天然气水合物找矿远景区预测图
（冻土区分布范围据周幼吾等，2000）

东北冻土区发现的厚层地下冰

我国陆域永久冻土带天然气水合物资源远景调查

祝有海研究员负责的地质调查工作项目“我国陆域永久冻土带天然气水合物资源远景调查”成果获2010年国土资源科学技术奖二等奖。主要进展和原创性成果包括：①初步集成了我国冻土区天然气水合物预测方法：项目组根据我国冻土区的实际情况，初步集成出“冻土条件＋气源条件＋温压条件＋异常标志”的天然气水合物综合预测方法；②成功地开展了我国冻土区天然气水合物找矿预测：项目组认为，青藏高原和东北冻土区具备较好的天然气水合物形成条件和找矿前景，其中羌塘盆地是最有前景的找矿远景区，其次是祁连山木里地区、漠河盆地和风火山－乌丽地区等，并编制了我国首幅冻土区天然气水合物找矿远景区图；③初步估算了我国冻土区天然气水合物资源潜力：项目组运用体积法和蒙托卡罗法对我国冻土区天然气水合物资源量进行了初步估算，总资源量相当于75.61012m^{3}的天然气，其中青藏高原约701012m^3，东北冻土区约5.61012m^3，显示出巨大的资源潜力。

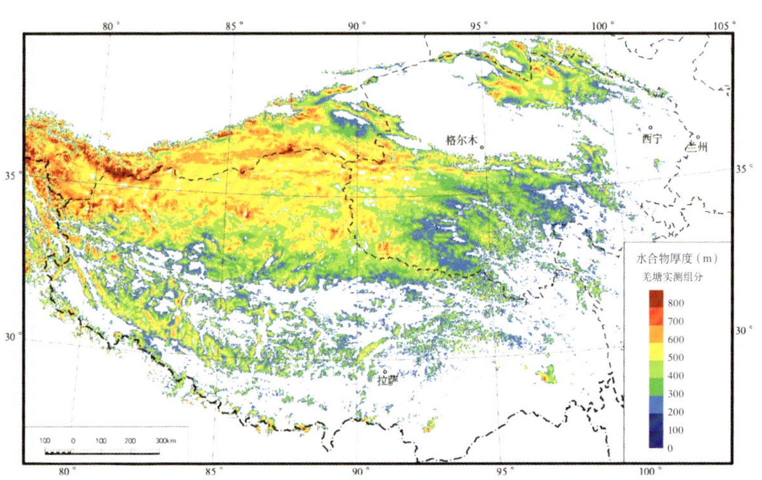

青藏高原天然气水合物稳定带及其厚度预测图

天山铜矿带找矿靶区优选

杨建民研究员负责的项目“天山铜矿带找矿靶区优选”获2010年国土资源科学技术奖二等奖。主要成果包括：在东天山-北山地区确立了以铜矿成矿地质背景为基础，以蚀变遥感异常等遥感找矿信息提取为主导的资源评价方法。在成矿类型、典型矿床蚀变矿物波谱特征和遥感蚀变特征研究的基础上，建立了斑岩铜矿、矽卡岩型铅锌矿和镁铁–超镁铁岩型铜镍矿床的遥感找矿模型；针对不同类型矿床进行蚀变遥感异常的提取，快速有效地缩小了找矿靶区的范围；创建了“去干扰异常主分量门限化技术”，建立了荒漠景观区蚀变遥感异常的提取技术方法体系；利用GIS平台，对地、物、化、遥感蚀变等多源信息进行综合分析，优选了找矿靶区并分级。通过实地查证，新发现了铜矿化体4处、镍矿化地1处、铅锌银矿化体1处，实现了以遥感找矿异常为主导多元信息综合的找矿突破；完成了东天山–北山地区1:50万成矿预测系列图件以及重大比例尺成矿预测的数字化与数据库建库工作、遥感图件与综合图件27幅与专题报告“天山铜矿带找矿靶区优选”。

项目组将ETM^+蚀变遥感异常作为一个与地球化学、地球物理同等重要的找矿独立参数进行研究，对其提取技术方法进行了进一步完善，在主分量分析、比值分析的基础上，又将光谱角填图、阈值处理分级等方法引入了ETM^+蚀变遥感异常信息提取技术中。创建了“去干扰异常主分量门限化技术”，初步建立了荒漠景观区蚀变遥感异常提取技术方法体系。在东天山–北山地区16万km^2的范围内，利用蚀变遥感异常找矿方法找矿效果明显。

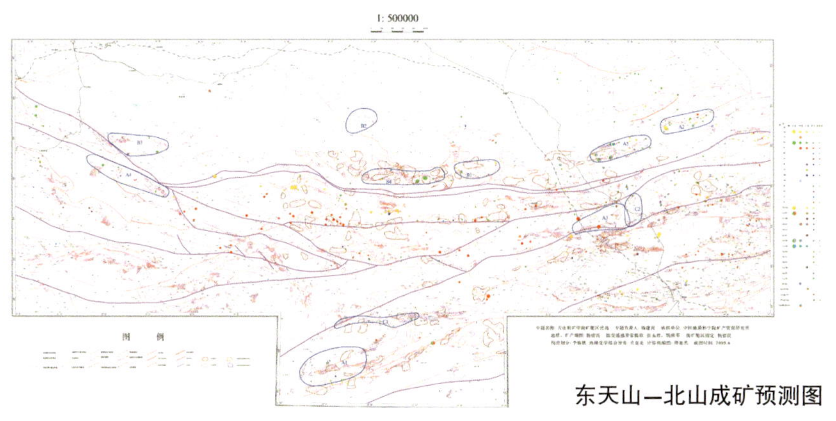

东天山—北山成矿预测图

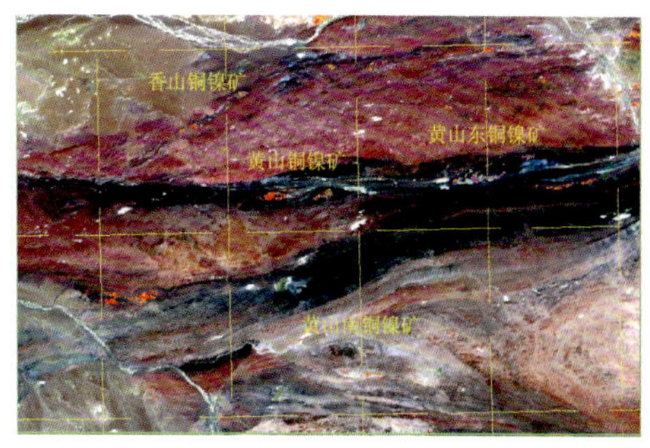

黄山地区铜镍矿田蚀变遥感异常图
（红色为主分量羟基异常，紫色为主分量与光谱角综合羟基异常）

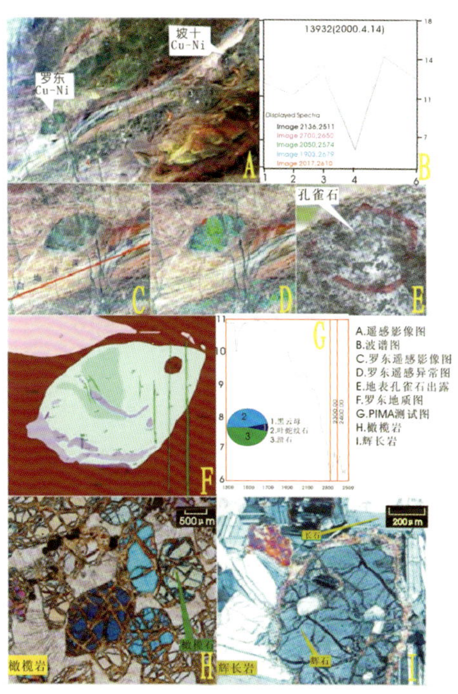

罗东镍矿遥感找矿综合信息图

战略性矿产单矿种编图及成矿规律研究

赵一鸣研究员负责的"战略性矿产单矿种编图及成矿规律研究"获2010年国土资源科学技术奖二等奖。项目反映了我国近50年来各地质部门，经过地质勘探和普查评价所获得铁、铜、铅锌、钨锡、汞锑、金、银、稀有稀土等矿产资源，并经批准的资源储量、质量、经济技术条件与有关矿床地质情况，以纸质和电子版形式将其展示。在此基础上，通过综合分析研究各矿种的成矿规律、资源形势及对策，为地矿产业规划、管理、保护、开发和科研院校服务。

在编图过程中，查阅和编写了大量基础资料，包括公开和内部的地质资料约5000余份，整理并编写出矿产地卡片5115张，工作量巨大。应用和开发GIS系统，建立了矿床数据库，在此基础上编制和公开出版1∶500万比例尺Fe、Cu、Pb－Zn、W－Sn矿产资源图4幅和Hg－Sb矿产资源图（1∶1000万）1幅；因保密原因，金、银和稀有稀土矿3幅矿产资源图，作内部出版。每幅图附有说明书，其中成矿规律研究简明通俗和深入。具有特色的是，在说明书中增加了矿产一览表，阐明了各矿床的名称、地理位置、矿石平均品位、矿床类型、规模、开发情况和矿床概述，后者用精炼的语言，概括了矿床产出地质特征，给读者以直观的认识。同时，在大量资料基础上加强综合研究，对各矿种区域成矿规律进行了较深入系统的总结研究，在成矿认识上有所创新；编写出《中国主要金属矿床成矿规律》专著，并发表论文70余篇。

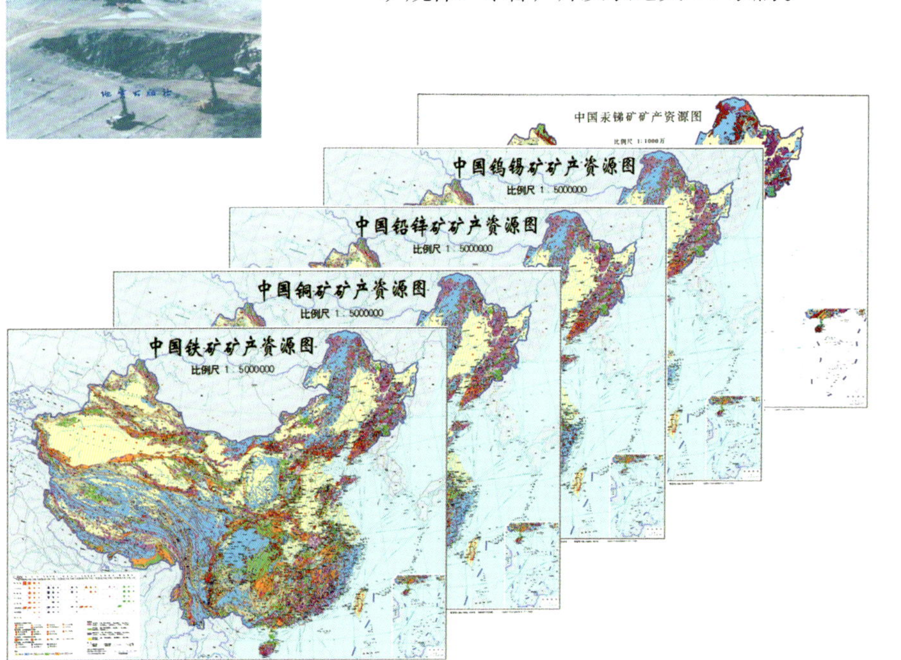

成果出版后，应用效果喜人，现已销售出矿产资源图1075份，在全国地质资料馆互联网上，本项目点击达到18682次。有关代表性论著，在中国引文数据库中被他人引用369次，在SCI数据库中被他人引用95次。

扬子地台西缘变质基底演化

耿元生研究员负责的地质调查项目“扬子地台西缘变质基底演化”成果获 2010 年国土资源科学技术奖二等奖。项目通过锆石 SHRIMP U － Pb 同位素年龄的研究重新厘定了区内前寒武纪构造地层系统和一些地层的形成时代，提出了区内前寒武纪地层的划分对比方案。提出研究区内并不存在太古宙 — 古元古代的结晶基底，而将前人划分的结晶基底 —— 康定岩群分解为不同成分的新元古代的岩浆杂岩和分属于会理群、盐边群和盐井群的变质岩层。以翔实的资料证明研究区内存在格林威尔期的火山及岩浆作用，并具有岛弧碰撞的特点。详细阐述了晋宁期侵入杂岩的组成特点，划分为超镁铁质系列、辉长－闪长岩系列、英云闪长岩－奥长花岗岩系列和花岗岩系列等 4 个系列。确定了各系列岩浆侵入岩的形成时代和形成环境。在详细的构造解析的基础上，分别确定了河口群、会理群、盐边群和岩浆杂岩的变形期次和变形特征，并明确提出早期的构造线方向为近东西向，是格林威尔期的产物，而在基底中表现强烈的近南北向构造是晚期改造的产物。通过典型地区的解剖，提出该区变质带以宽度小、变化大为特征，变质的程度与变形强度密切相关，变形强，变质程度高；变形弱，变质程度低。区域变质作用的时间为 750Ma 左右。通过岩相学、地球化学、矿物特征等的研究，提出前人划分的沙坝麻粒岩和同德麻粒岩是变质的苏长辉长岩体，它们的侵位时间为 793 ~ 822Ma。

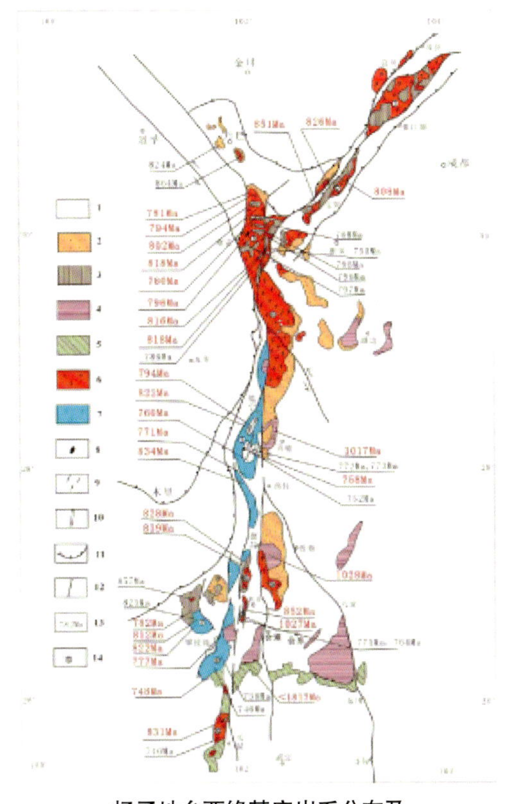

扬子地台西缘基底岩系分布及
锆石 SHRIMP U-Pb 年龄分布图

2010 年度 十大科技进展

2011 年 1 月 10 ~ 11 日，中国地质科学院在北京组织召开了 2010 年度科技成果汇报交流暨十大科技进展评选会。来自国土资源部、教育部、中国科学院、国家自然科学基金委员会、中国地震局、中国石油化工集团公司等部门 46 位院士、专家组成的评选委员会，经过认真、严谨的评审和投票，评选出中国地质科学院 2010 年度十大科技进展。

中国地质科学院 2010 年度十大科技进展

序号	项目名称	负责单位	负责人	项目来源
1	重新厘定月球雨海纪时代——Apollo 月岩和月球陨石样品中锆石、磷灰石和陨磷钙钠石的离子探针测年研究	地质研究所	刘敦一	科学技术部创新方法专项
2	首次在隐伏金属矿上方发现纳米金属微粒——深穿透地球化学的微观证据	地球物理地球化学勘查研究所	王学求	深部探测专项、国家 863 计划之课题
3	硅质海绵骨针矿化机制及仿生研究	国家地质实验测试中心	王晓红	科技部国际合作项目
4	中国成矿体系综合研究取得实质性重大进展	矿产资源研究所	陈毓川 王登红	中国地质调查局
5	长江中下游成矿带及典型矿集区深部结构探测实验进展喜人	矿产资源研究所	吕庆田	深部探测专项项目
6	大陆板内成矿理论研究新进展	矿产资源研究所	毛景文	国家 973 计划之课题、国家自然基金重点项目、地质调查项目等
7	华北地块北缘造山带重大地质事件与成矿背景研究	地质力学研究所	赵　越	国家 973 计划之课题
8	金顶超大型铅锌矿床建立新模式——构造-岩相填图新成果	地质研究所	侯增谦	国家自然基金重点项目
9	深地震反射剖面揭示青藏高原东北缘岩石圈缩短变形重要证据	地质研究所	高　锐	国家自然基金重点项目、地质调查项目、中石化科技项目、深部探测专项等
10	中国辽宁热河生物群中首次发现含胚胎的离龙类化石	地质研究所	季　强	国家 973 计划之课题

1. 重新厘定月球雨海纪时代——Apollo月岩和月球陨石样品中锆石、磷灰石和陨磷钙钠石的离子探针测年研究

北京离子探针中心刘敦一研究员团队在科技部创新方法专项资助下，改善了SHRIMP Ⅱ定年流程，建立了月岩锆石测年技术方法，与美国华盛顿大学合作对Apollo 12和Apollo 14登月获得的毫米级撞击熔融岩屑，进行了高精度的原位锆石离子探针测年，厘定了月球早期历史几次重要事件的时代，精确测定雨海纪月球遭受强烈撞击事件年龄为39.2亿年。首次获得Apollo 14熔融岩屑中磷灰石和陨磷钙钠石的离子探针U－Pb同位素年龄，对月球陨石SaU 169样品中的锆石进行了离子探针测年，改写了国际普遍接受的月球雨海纪强烈撞击事件年龄为38.5亿年的传统认识，对月球早期演化历史研究作出了重要贡献，为我国探月工程未来采集月岩样品的年代学研究积累了宝贵经验。

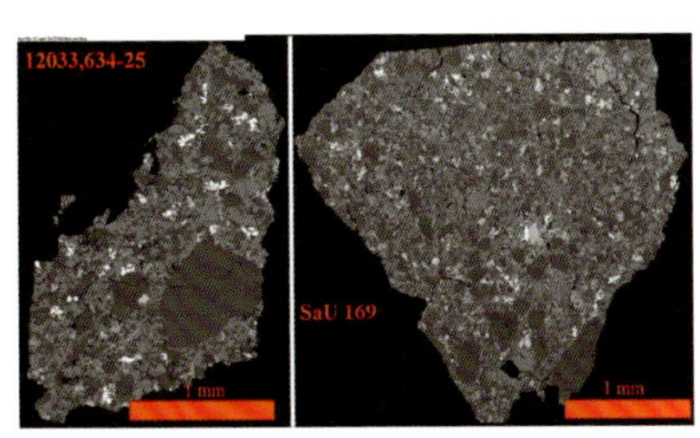

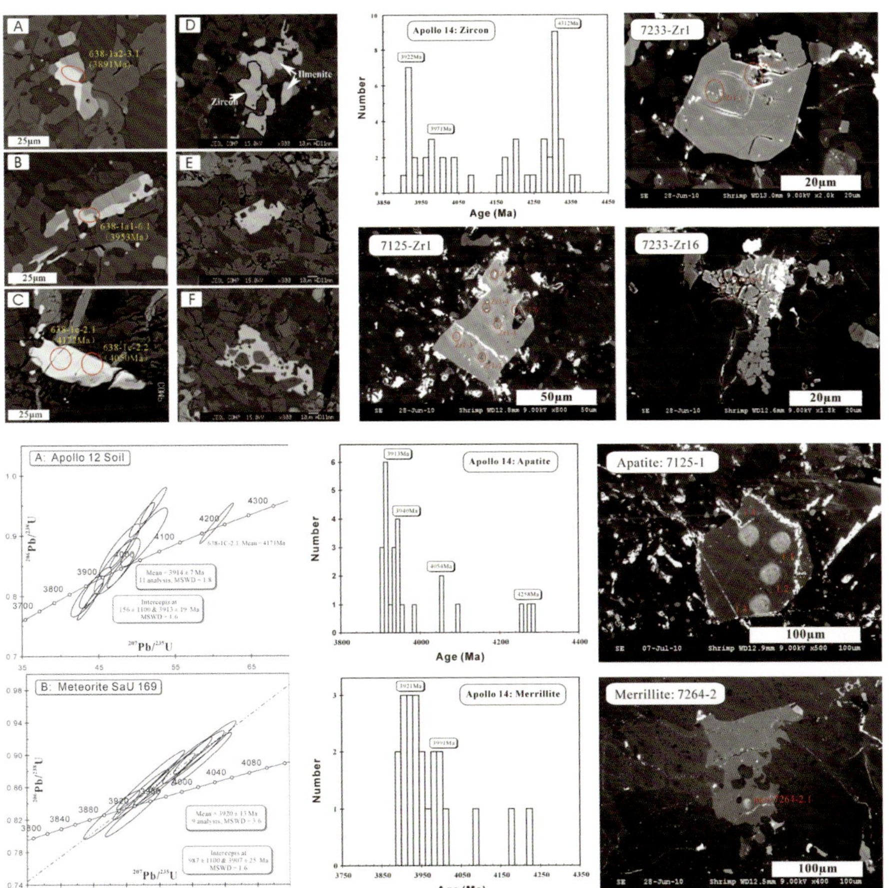

阿波罗月岩样品和月球陨石SaU 169样品能谱扫描图、离子探针束斑位置、年龄分布及U-Pb同位素年龄谐和图

2. 首次在隐伏金属矿上方发现纳米金属微粒——深穿透地球化学的微观证据

地球物理地球化学勘查研究所王学求研究员团队在科技部863课题和深部探测专项（SinoProbe-4）联合支持下，首次在河南南阳盆地边缘400m盖层的隐伏铜镍矿上方气-固介质中同时发现纳米级铜等金属微粒。透射电镜下单个金属微粒粒径主体在几十纳米，最小到10nm，大到上百纳米，微粒大多呈团聚体。显像直观、质感，图像清晰。具有有序晶体结构。以上事实说明纳米金属微粒来自于矿体。同时在实验室建立了模拟迁移柱，证实纳米金属微粒可快速垂直向上迁移，揭示了纳米金属的迁移机理。这不仅为寻找深部隐伏矿的深穿透地球化学提供了直接微观证据，而且对寻找隐伏矿具有重大应用价值。即可以利用土壤作为采样介质，分离微粒成分用于直接寻找深部隐伏矿。

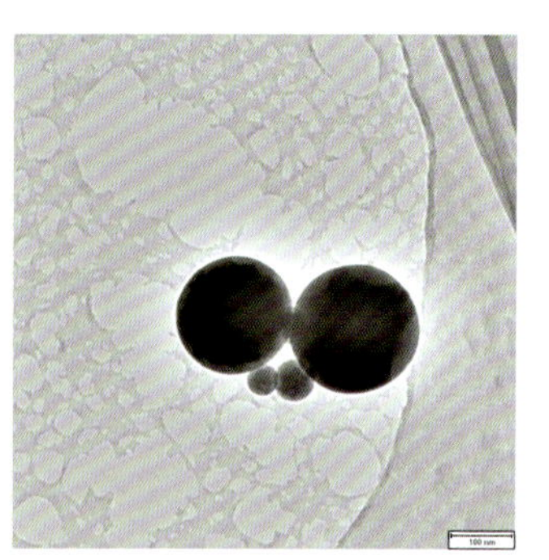
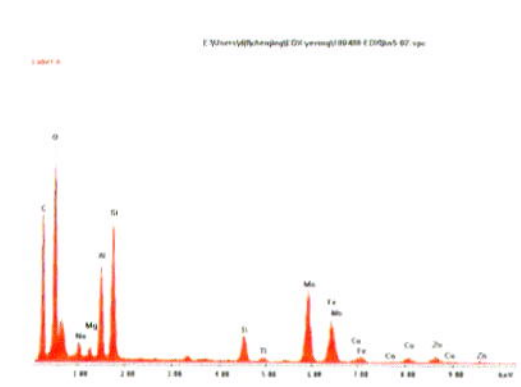

河南南阳隐伏铜镍矿上方地气中 Fe-Mn-Ti-Cu-Co 纳米微粒

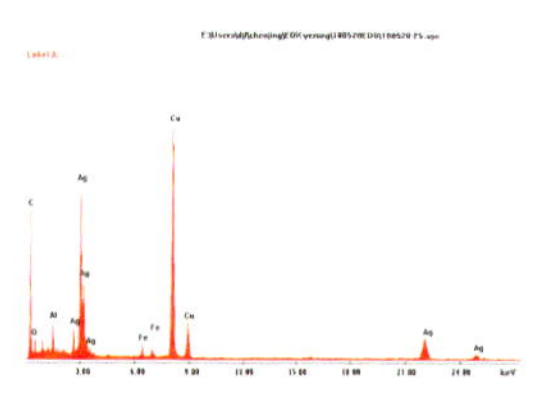

河南南阳隐伏铜镍矿上方土壤中 Cu-Ag 纳米微粒成团聚体

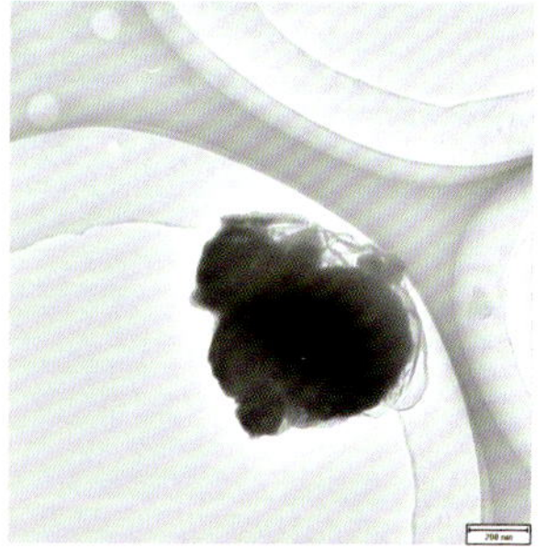
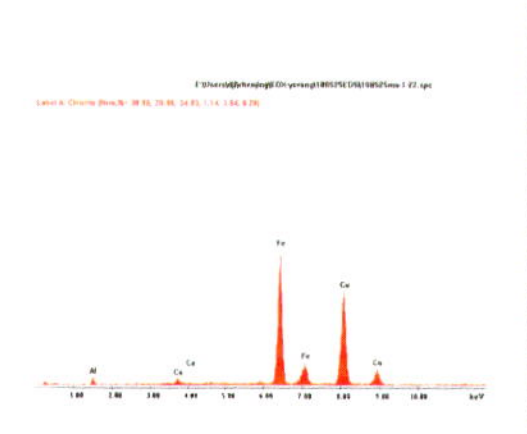

室内迁移柱气体中观测到的 Cu-Fe 纳米微粒

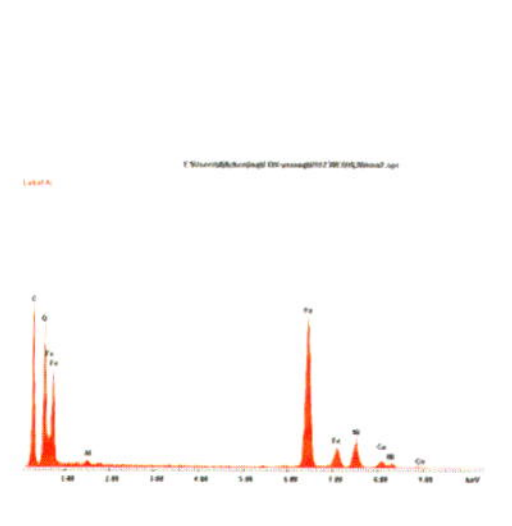
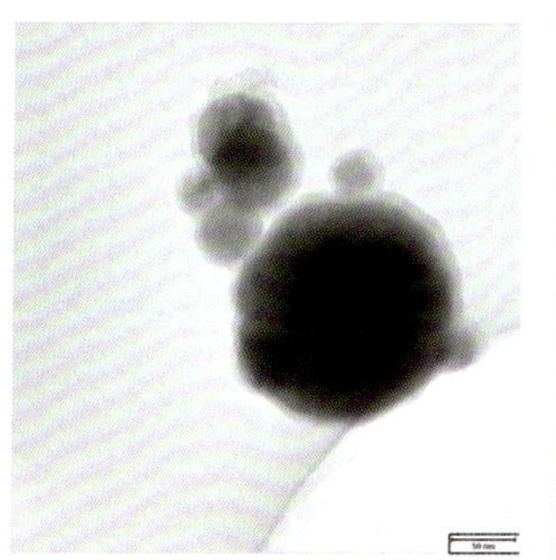

室内迁移柱气体中观测到的 Fe-Cu-Ni 纳米微粒

3. 硅质海绵骨针矿化机制及仿生研究

将传统矿物学与生命科学、仿生学、材料科学有机结合，生物矿物医学材料研究达到国际领先水平。国家地质实验测试中心王晓红研究员团队与德国美因茨大学 Müller 教授合作，系统研究了采自我国南海的六放海绵骨针的结构与化学组成，发现蛋白质存在于海绵骨针硅层中；通过高分辨透射电镜观测获得不同海绵骨针横截面和纵截面微结构图，在海绵骨针中发现了晶体结构，对海绵骨针是无定形 SiO_2 等传统观念提出了质疑；通过细胞培养证实 Ti 可促进海绵生长，检测到海绵骨针有很好的导光性能，并且对不同波长光的传导性有较大差异，为生物硅材料在光学领域的应用提供了理论依据，为仿生合成新型骨骼和牙齿修复材料奠定了重要基础，有望产生显著的社会经济效益。先后发表国际 SCI 检索论文 32 篇，与德国联合建立纳米生物矿物实验室。

Müller 教授在国家地质实验测试中心指导实验

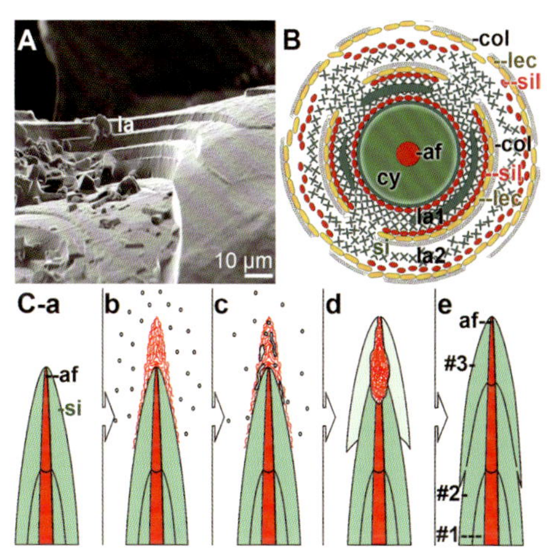

硅质海绵骨针矿化机制示意图

德中合作实验室成立签字仪式现场（美因茨，2010.02.23）

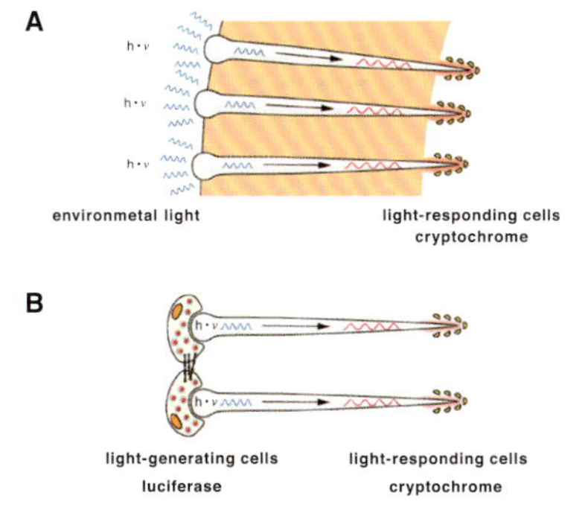

硅质海绵动物中具有神经系统的光传感系统功能示意图

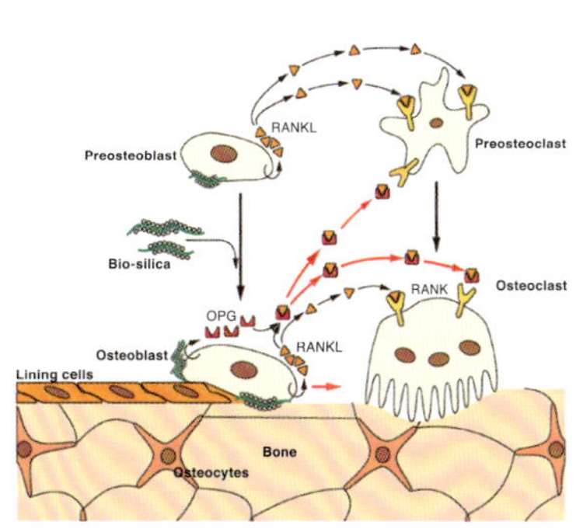

生物硅预防骨质疏松机理示意图

陈毓川院士（右）在贵州铜仁乱岩塘矿区坑道中

王瑞江研究员（左三）和王登红研究员（右一）在西藏新嘎果矿区

4. 中国成矿体系综合研究取得实质性重大进展

建立中国成矿体系，指导全国矿产资源潜力评价。矿产资源研究所陈毓川院士与王登红研究员团队，组织全国 40 个单位 220 余位专家，综合研究了4640 个不同类型矿床，厘定了我国从太古宙至第四纪各地质年代的 24 个矿床成矿系列类型、38 个矿床成矿系列组、214 个矿床成矿系列、434 个矿床成矿亚系列、978 个矿床式，完善了成矿系列理论；建立区域地、物、化、遥、矿产等多元成矿信息提取分析子系统和矿产资源信息综合子系统，形成由两大模块组成的区域矿产综合评价系统（MARS）；运用先进理论和技术方法，指导全国重要矿产资源潜力评价，圈定 213 个预测远景区，提出了优选靶区，有效地指导了找矿实践，为全国地勘工作部署提供了科学依据。

5. 长江中下游成矿带及典型矿集区深部结构探测实验进展喜人

使用反射地震为主导的现代地球物理探测技术，揭示庐–枞火山岩铁铜矿集区三维结构，基本实现矿集区深度3000～5000m的“透明化”。矿产资源研究所吕庆田研究员团队在深部探测专项(Sinoprobe-3)资助下，对长江中下游成矿带和庐–枞中生代火山岩矿集区的深部结构进行了综合探测，发现上地幔低速体，提出了岩石圈拆沉与底侵模式，庐–枞矿集区上地壳先后经历早期强烈挤压变形和后期伸展构造变形，形成断块结构；揭示了火山岩层基底复杂结构，存在不同时期地层断块和岩片，为盆地沉积盖层之下寻找铜陵式矿床提供了新线索，结合剖面地球化学分析，预测了成矿远景区。探测实验为我国东部开辟第二找矿空间、实现地质找矿重大突破提供了有效的技术支撑。

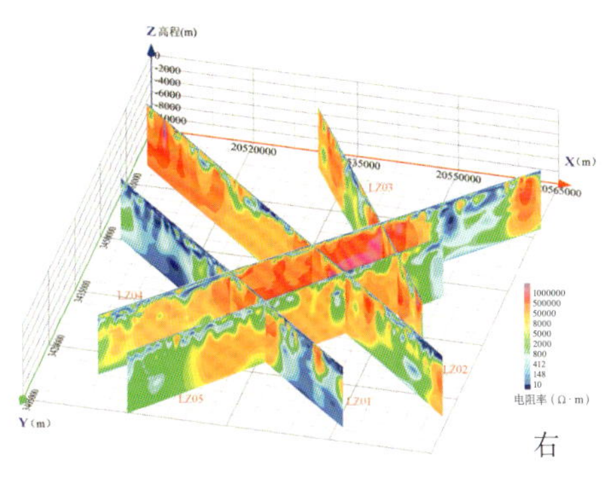

左：庐–枞矿集区5条反射地震剖面线条图，右：庐–枞矿集区5条MT剖面视电阻率图。显示庐–枞矿集区地壳结构特征和变形方式

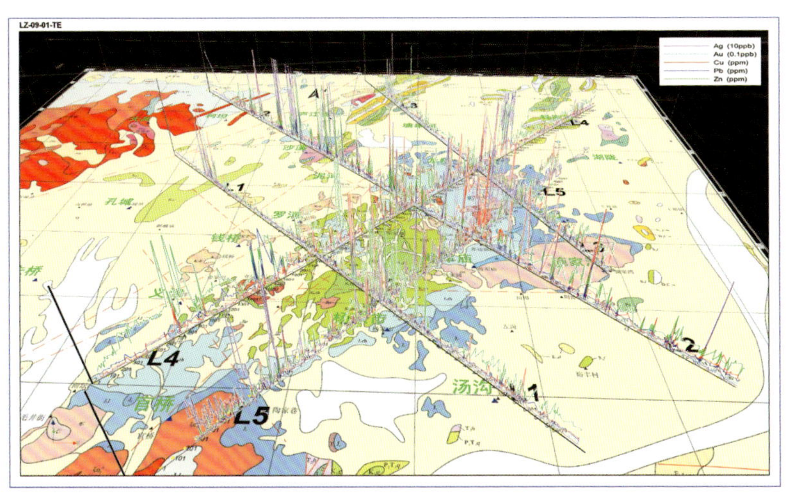

沿地震剖面的地球化学测量剖面，发现一批地球化学异常，为该地区深部找矿提供了重要信息

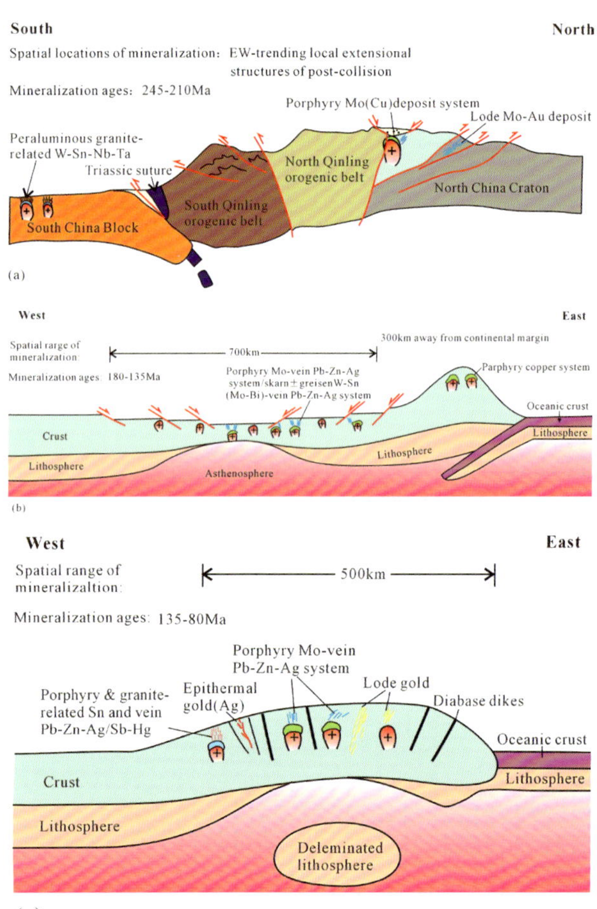

中国东部中生代3期大规模成矿作用及地球动力学背景模型图

6. 大陆板内成矿理论研究新进展

矿产资源研究所毛景文研究员团队通过系统的高精度同位素年龄填图，确定中国东部中生代成矿作用爆发式地出现于3个峰期：晚三叠世、中晚侏罗世—早白垩世和白垩纪中期，厘定他们分别形成于华北板块与华南板块碰撞后，古太平洋板块斜向俯冲的大陆边缘弧后伸展岩浆带和大陆岩石圈伸展环境。3期成矿作用的巨量金属分别主要堆积于东西向局部伸展构造、NE向与EW向构造交互部位和火山–断陷盆地。这一成果受到国内外广泛关注和广泛引用，其中岩石圈伸展与成矿模型被写入国际教科书。有关成果被国际同行誉为为板内成矿新理论的形成奠定了重要基础，对找矿勘查具有很好的指导意义。

毛景文与外国同行在矿区井下考察

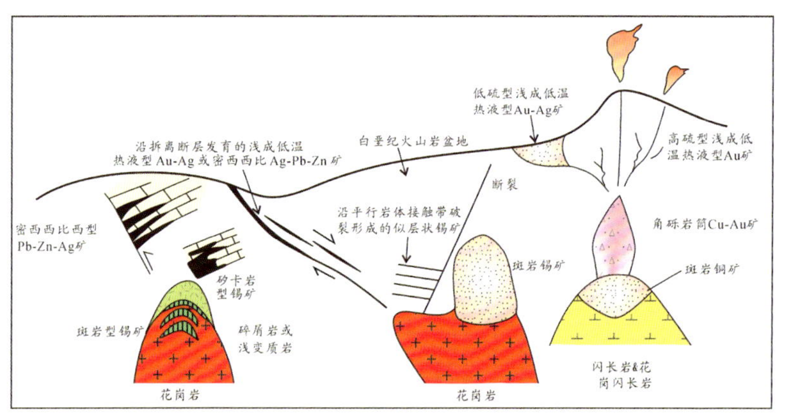

白垩纪盆地矿产资源组合模型图

毛景文在露天采场考察

7. 华北地块北缘造山带重大地质事件与成矿背景研究

地质力学研究所赵越研究员团队通过详细野外观测、岩石地球化学分析及高精度同位素测年，厘定了华北地块北缘显生宙重大地质事件序列，提出华北地块北缘铜钼矿床成矿背景新认识。主要进展包括：①在华北地块北缘发现了13.2亿～13.5亿年生成的基性岩墙群，揭示了华北克拉通与全球哥伦比亚超大陆裂解等重大地质事件；②发现华北地块北缘晚古生代岩浆作用记录，提出晚石炭世—早二叠世存在安第斯型大陆边缘弧，识别出华北地块北缘存在早古生代岛弧斑岩型铜钼矿成矿作用及晚古生代末—早中生代与后造山岩浆作用有关的钼（铜）成矿作用。相关研究成果发表在国际著名刊物《地球与行星科学通讯》（*Earth and Planetary Science Letters*, 2009, 288: 588～600）、美洲地质学会会志（*GSA Bulletin*, 2009, 121: 181～200）、国际地球科学杂志（*International Journal of Earth Sciences*, 2009, 98: 1441～1467; 2009, 99: 785～800）及冈瓦纳研究（*Gondwana Research*, 2010, 17: 125～134）上，已引起国内外同行的广泛关注及引用。研究成果对深入认识华北地块北缘地质演化历史和区域成矿构造背景具有重要的科学价值。

赵越研究员在辽西凌源野外考察

(A) 晚石炭世—早二叠世

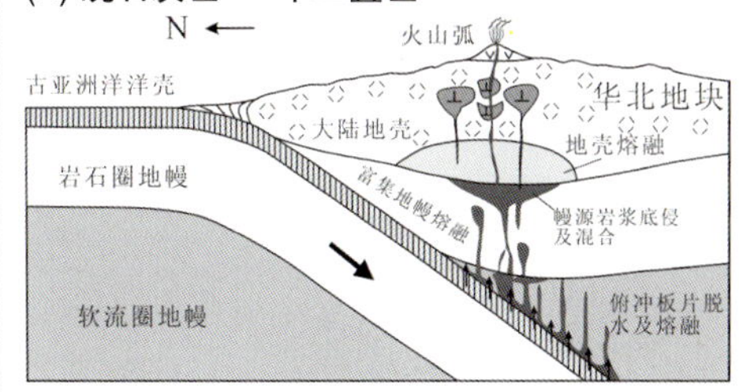

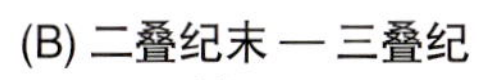

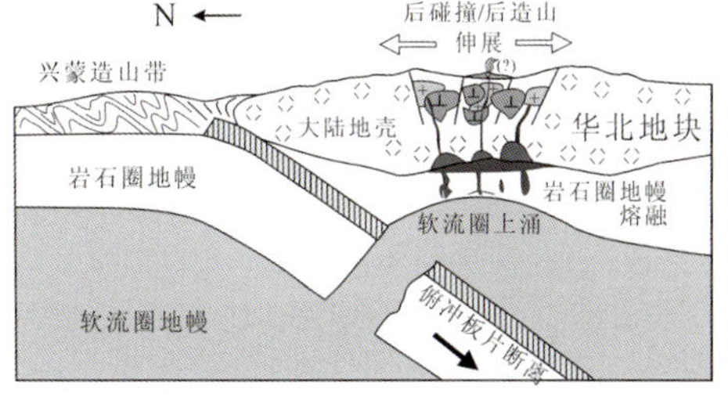

Contrasting Late Carboniferous and Late Permian–Middle Triassic intrusive suites from the northern margin of the North China craton: Geochronology, petrogenesis, and tectonic implications

Earth and Planetary Science Letters

The 1.35 Ga diabase sills from the northern North China Craton: implications for breakup of the Columbia (Nuna) supercontinent

Zircon SHRIMP U–Pb and in-situ Lu–Hf isotope analyses of a tuff from Western Beijing: Evidence for missing Late Paleozoic arc volcano eruptions at the northern margin of the North China block

Gondwana Research

Recognition of the latest Permian to Early Triassic Cu–Mo mineralization on the northern margin of the North China block and its geological significance

Early Mesozoic deformations of the eastern Yanshan thrust belt, northern China

华北克拉通北缘及邻区前燕山期主要地质事件

项目发表的部分论文首页

金顶矿区全貌

8. 金顶超大型铅锌矿床建立新模式 —— 构造–岩相填图新成果

地质研究所侯增谦研究员团队在国家自然科学基金重点项目资助下，通过系统的大比例尺填图，查明了金顶超大型矿床云龙组含矿建造时空分布和矿化特征；揭示了逆冲推覆构造系统对矿床矿体的控制式样、角砾岩型矿体的就位方式和形成过程；发现了多个残留的盐穹构造、沥青及其与矿床的成生关系；提出区域流体沿构造拆离系长距离侧向迁移、流体储集和金属堆积被膏盐穹窿构造控制的新模式，相关研究对金顶式铅锌矿找矿勘探具有重要的指导意义。

金顶矿区第三纪泥砂岩中的石膏底辟体

9. 深地震反射剖面揭示青藏高原东北缘岩石圈缩短变形重要证据

地质研究所高锐研究员团队重新处理松潘地块–西秦岭造山带–临夏盆地深地震反射剖面，揭示出岩石圈变形的细节，特点是地壳上部的双重逆冲构造和地壳底部近水平的拆离断层的叠置，展现出青藏高原东北缘岩石圈变形以缩短变形为主要机制。上千千米展布大规模左旋走滑的昆仑断层，自地表向下陡倾延伸到地壳底部叠瓦状逆冲构造之上，提出青藏高原东北缘构造隆升与地壳下部逆冲、Moho重复错断及岩石圈缩短变形存在成因联系，对国际流行的“下地壳隧道流”模式提出了挑战，具有重要的科学意义。

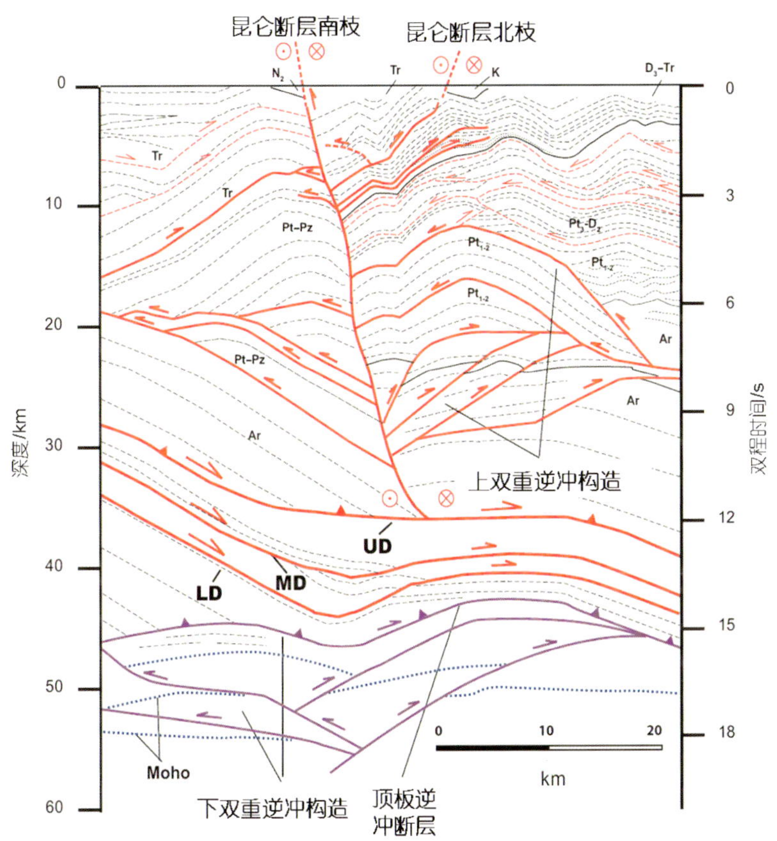

青藏高原东北缘岩石圈缩短变形的样式——地壳尺度的走滑断裂和Moho叠置

高锐研究员与地震队工作人员在施工现场讨论测线位置部署方案

高锐研究团队现场监控小组检查野外钻井和埋置炸药情况

白台沟潜龙标准化石

10. 中国辽宁热河生物群中首次发现含胚胎的离龙类化石

在辽宁早白垩世热河生物群中首次发现含胚胎的离龙类化石，提出了潜龙为卵胎生的新认识。地质研究所季强研究员团队在国家973课题资助下，在辽宁早白垩世热河生物群中发现含胚胎的白台沟潜龙精美化石，并命名了白台沟潜龙，深入研究了化石体周围保存的胚胎化石；首次发现胚胎为不具备硬壳的革质蛋，分析了化石埋藏状态、潜龙生活环境及幼体个体发育特征，认为潜龙这样的离龙类爬行动物终生生活在水中、怀孕后将卵保留在体内并利用体温来进行孵化，待幼体发育成熟后再将其排出体外，属于比较特殊的“卵胎生”生殖方式。相关成果在德国著名科学杂志《自然科学》发表，对认识离龙类爬行动物的生殖行为和方式具有重要科学意义。

含胚胎的白台沟潜龙化石

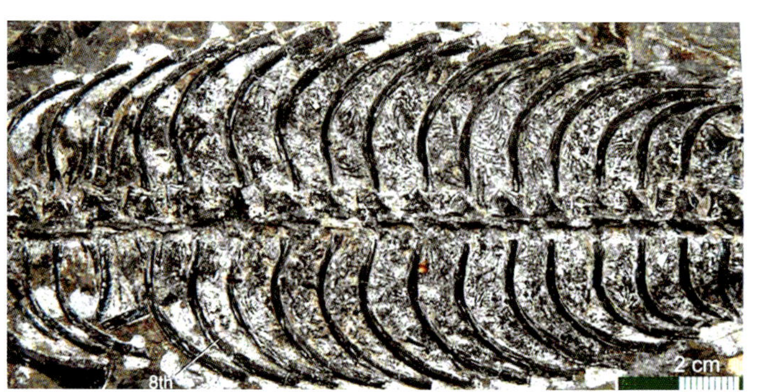

白台沟潜龙体腔的局部放大，示体内的胚胎

6 重点实验室及年度重要进展

国土资源部大陆动力学重点实验室

国土资源部大陆动力学重点实验室 2010 年在国土资源部、中国地质调查局、中国地质科学院的大力支持下，按照科技部相关要求，积极申报“大陆构造与动力学”国家重点实验室，取得重要进展。

2010 年，实验室研究工作取得系列重要进展。杨经绥研究员与他的团队在西藏阿里地幔岩中发现了金刚石等特殊矿物，提出了西藏雅鲁藏布江缝合带有可能发现铬铁矿较大矿床的新认识，引起有关部门高度重视；中国地质调查局决定立项支持相关研究，促进基础研究与地质找矿的结合。实验室研究人员第一时间紧急响应玉树地震救灾，迅速组织科研力量投身抗震救灾；许志琴院士主持举办了“4 · 14 玉树地震、构造背景及余震”专题讨论会，李海兵研究员及其团队立即赴玉树震区开展深入调查研究，揭示玉树地震地表变形行为及其与地震地质灾害的关系。成功举办了“纪念中法喜马拉雅国际合作 30 周年暨青藏高原大陆动力学学术讨论会”、在美国地球物理 2010 年会（AGU）上的汶川科学钻探专题研讨会等高层次国际学术活动，为新一轮国际合作拉开了序幕。

2010 年，大陆动力学重点实验室共承担科技部“973”项目、国际合作重大项目、国家基金委创新群体项目、国家专项、地调科技项目等近 20 个科研项目，获国土资源科学技术奖一等奖 1 项；以第一作者发表论文 36 篇，其中 12 篇为 SCI 论文；被评为国土资源部“十一五”援藏先进集体。许志琴院士获科技部颁发的国家“十一五”科技计划执行突出贡献奖；杨经绥研究员被科协授予“全国优秀科技工作者”荣誉称号；张建新研究员被确定为“新世纪百千万人才工程”国家级人选。

中法合作野外考察

ICDP 访问大陆动力学实验室

国土资源部同位素重点实验室

2010 年，实验室北京离子探针中心总运行机时达到 2500 小时；国内外学者应用在中心 SHRIMP Ⅱ上所获得的锆石定年结果，在国内外科学杂志上共发表论文 163 篇，其中国际期刊文章 50 篇，继续保持同类实验室科研成果产出率世界第一；成功地主办了两次国际会议和一次国际学术讲座；以离子探针中心为主要力量的地质研究所国际前寒武纪研究中心在南非和斯威士兰组织开展了第一次国际野外地质考察和学术研讨会；与美国华盛顿大学合作进行的 Apollo 月岩锆石年代学研究的相关成果获中国地质科学院十大科技进展之一；自行研制的一次气体离子源获得成功，并已在中心的 SHRIMP Ⅱ仪器上使用，延长了离子源保养清洗的时间间隔。北京离子探针中心获科技部颁发的国家“十一五”科技计划执行优秀团队奖；中心的特聘客座教授 Alfred Kröner 荣获 2010 年度中国政府“友谊奖”。

实验室承担地质调查项目，开展磷灰石（U－Th）/He 同位素定年技术研究，完成了对岩石低温冷却历史进行有效研究的新型放射性同位素定年方法——（U－Th）/He 同位素定年方法，填补了我国在这一研究领域的空白，为我国的矿产资源勘查和地质科研工作提供了新的研究手段和技术支撑。该项目通过评审验收，评定结果为优秀级。

“第五届 SHRIMP 国际工作会议暨高分辨二次离子质谱（HR-SIMS）及 LA-ICP-MS 地质年代学进展及其地质应用国际研讨会”开幕式

离子探针中心客座教授 Alfred Kröner 荣获 2010 年度中国政府“友谊奖”

北京离子探针中心研发的一次气体离子源

国土资源部岩溶动力学重点实验室

实验室2010年承担国家自然科学基金项目6项，中国地质调查局工作项目5项，国家科技支撑计划项目1项，国土资源部公益性行业专项1项，横向项目3项，其他项目11项，年度研究经费达1500万元。2010年度执行出国野外考察或参加国际会议等外事项目5项，邀请国内外学者讲学10人次。在核心期刊发表学术论文21篇，其中SCI检索7篇，出版专著1部，培养研究生12人。

章程研究员和郭芳副研究员赴西班牙参加第4届国际岩溶会议，郭芳副研究员还获得了IAH岩溶专业委员会设立的“Young Karst Researcher Prize 2010”奖。曹建华研究员与李强副研究员赴欧盟参加“第38届水文地质大会”，并开展了斯洛文尼亚岩溶所野外考察与观测站的选点工作。蒋忠诚研究员与姜光辉副研究员参加美国地质学会年会。曹建华研究员与章程研究员参加在波黑举行的“第纳尔岩溶边界含水层保护与可持续利用”项目（DIKTAS）启动会。郭芳副研究员参加美国佛蒙特法学院举行的“中美环境正义青年人才交流”活动，分别在美国的佛蒙特、华盛顿及中国的北京、宜昌、广州等地参加了为期2个月的一系列活动。

实验室邀请美国明尼苏达大学程海博士，美国肯塔基大学范新岗教授、Jason博士、Leslie女士，美国迈阿密大学董海良教授来我室讲学及研讨。中国文化大学（台湾）地理、地质系29名师生到我室进行为期7天的海峡两岸学术交流和野外考察活动。

实验室完成了野外观测站建设及无线传输的实现，国内外7个监测点选点及联合建设工作；建立中全新世高分辨率的西南季风气候变化时间序列与太阳活动的响应关系；利用GIS、水化学和同位素方法判断岩溶泉域的汇水面积；开展了土壤钙循环对土壤碳的影响及效应、土壤碳库的库容及稳定性研究；完成了西南岩溶石山地区地下水污染的现状及种类调查工作；协助国际岩溶研究中心成功举办“岩溶水文地质与岩溶碳循环监测”国际培训班；为贵州省青少年作“岩溶作用与碳循环及全球气候变化”的科普报告；在武鸣县开展保护地下水的科普培训活动。

中国文化大学（台湾）师生考察毛村岩溶水文生态试验场

郭芳副研究员获得Young Karst Researcher Prize 2010奖

袁道先院士为贵州省青少年作科普报告

在武鸣县开展保护地下水的科普培训活动

参加固体地球科学领域重点实验室联盟会议

国土资源部成矿作用与资源评价重点实验室

实验室坚持以国家目标和社会经济发展重大需求为导向，瞄准国际矿产资源科学前沿，研究成矿规律，发展成矿理论，开展区域矿产资源潜力评价，研发矿产资源勘查评价的新技术和新方法，紧密与找矿实践相结合，促进找矿突破。

2010 年实验室组织开展了形式多样的学术活动。参加固体地球科学领域重点实验室联盟 2010 年度学术委员会会议，实验室主任毛景文研究员在会上介绍了实验室基本情况和近年来取得的重要成果，引起广泛关注，为申报国家重点实验室奠定了良好基础。在第 13 届国际矿床成因协会大会上，毛景文研究员当选新一届国际矿床成因协会主席，中国乌鲁木齐被选定为第 14 届国际矿床成因协会大会举办地。

2010 年实验室科研工作取得重要成果。张荣华等完成的“高温高压流体和流动反应原位观测装置、方法、整合技术”获国家技术发明二等奖，毛景文等完成的“中国东部中生代多阶段成矿的过程与背景”获国土资源科学技术奖一等奖，杨建民等完成的“天山铜矿带找矿靶区优选”获国土资源科学技术奖二等奖。陈毓川、毛景文和吕庆田负责的 3 个科研项目分别入选中国地质学会和中国地质科学院 2010 年度十大科技进展。刘成林研究员获得全国优秀科技工作者称号，王登红研究员获黄汲清青年地质科学技术奖，唐菊兴研究员获得全国国土资源系统“十一五”援藏工作先进个人荣誉称号，肖克炎研究员获得“全国国土资源管理系统先进工作者”荣誉称号。

2010 年实验室发表科技论文 100 余篇，SCI/EI 论文约 30 篇，出版专著 5 部。获得发明专利 1 项。立项工作取得丰硕成果，以该室刘成林研究员为首席科学家的 973 项目“中国陆块海相成钾规律及预测”申报成功，获重点基金项目 1 项，面上和青年基金 4 项，科技支撑计划课题 4 项，公益性行业科研专项 2 项，地质调查计划项目 2 项。

国土资源部盐湖资源与环境重点实验室

孔凡晶博士参加天体生物学会议与专家交流

钾盐地调计划项目成果交流会

实验室 2010 年承担大量地质调查与相关科技项目，并取得重要进展。组织实施地质调查计划项目“钾盐资源调查评价”，计划项目负责人为郑绵平院士。2010 年度对我国钾盐区域分布和找钾远景在理论上取得新认识，将中国划分为 4 个成盐找钾区，较稳定陆核区是找海相钾盐的关键地区。在海相盐盆地陕北奥陶系找钾有实质性进展，钻孔发现一层厚 1 米余 KCl，达工业边界品位；圈定出镇川－子洲盐凹，已设计镇盐 1 井，设计孔深 3520m，从奥陶系至基底全取心，并与中石油合作探查奥陶系 — 寒武系烃源岩。

在郑绵平院士等科学家精心指导和大力支持下，“中国陆块海相成钾规律及预测研究”973 项目获得资助并正式启动，项目首席科学家为刘成林研究员，实验室 3 名科技骨干张永生研究员、齐文研究员、刘喜方研究员分别担任课题负责人。

公益性行业科研专项经费项目“西部重点盐湖环境科学观测与资源可持续利用研究”正式启动，项目由郑绵平院士负责，拟在我国西部重点盐湖区建立 8 个盐湖野外科学观测站和采集点，形成网络分布，建成覆盖我国重点盐湖区动态变化的监测网，进行盐湖动态变化对比研究。

2010 年，实验室积极开展国际合作与交流，孔凡晶研究员参加了在美国航空航天局（NASA）总部所在地休斯敦召开的“第六届天体生物学会议”。孔凡晶在会上介绍了有关火星类比研究柴达木盆地极端环境生命研究进展，并与各国同行进行了广泛的交流，了解国际最新研究动态和未来发展趋势。

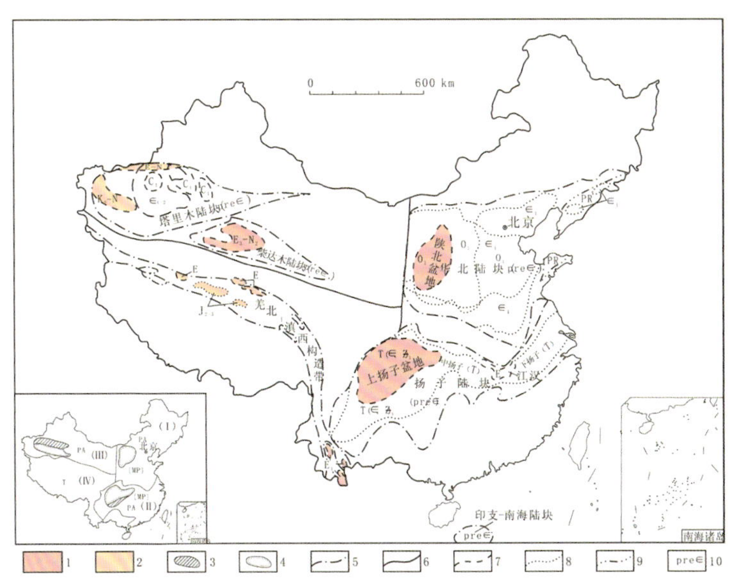

中国构造域和主要古蒸发岩盆地分布略图

水平井抽水试验

黏性土释水室内试验

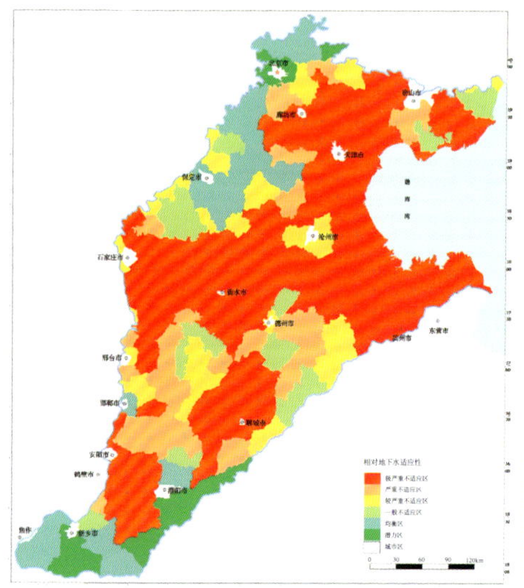

基于地下水资源承载力的华北平原农业灌溉超用水程度分布情势

国土资源部地下水科学与工程重点实验室

实验室组织实施不同时空尺度地下水循环演化过程、资源与环境效应及动力学机制研究，开展层圈间不同界面水盐通量变化及其对全球气候变化和人类活动的响应机制、区域含水层系统探测技术与评价理论、地下水演化同位素与数值模拟及预测技术等研究，取得重要进展。2010年实验室承担的973课题2项、科技支撑项目1项、自然基金项目3项、地质调查项目5项、基本事业项目14项，全年发表核心期刊论文23篇。实验室承担的“华北作物布局灌溉耗水与区域水资源承载力适应性研究”入选2010年度中国地质学会地质科技十大进展。

实验室承担地质调查项目“华北平原地下水安全与可持续利用”，采用水化学、同位素示踪技术，揭示山前平原地下水循环变异的机制及其脆弱性、深层地下水的补给机制及其开采资源组成；初步建立华北平原地下水资源承载力评价指标体系和评价方法，阐明了地下水对京津唐社会发展的支撑作用及其在未来区域发展中的重要作用，建立了基于地下水合理利用的系统动力学模型；建立华北平原地下水多级分层自动监测技术体系，实现了分层数据的原位自动采集、自动存储、无线传输，开发完成了面向社会大众和专业人员的地下水监测信息服务系统；研制全塑贴砾过滤器和预充砾过滤器，其中全塑贴砾过滤器已获国家专利；制定了贴砾过滤器企业标准；建立了水平双面井和盲井钻进技术体系和成井工艺体系。

实验室承担的国家科技支撑课题“华北作物布局灌溉耗水与区域水资源承载力适应性研究”，客观评价了华北灌溉农田超用水程度及分布特征，查明了灌溉农田作物结构布局与地下水超采的关联性；开拓性地解决了“气象（降水）、水文水资源、地下水与作物布局结构”的四大系统之间监测和研究尺度不统一、以至难以耦合的领域重大难题；首次立足于华北平原区域水资源及地下水承载力为评判基值，阐明华北平原及各分区的农林耗水作物种植结构布局和灌溉用水强度分布现状，创建了作物布局结构与区域水资源特征适应性评价体系，奠定了科学诊断华北平原“作物布局结构与区域水资源承载力之间适应性”理论基础，并得到广泛应用，有针对性地提出华北平原作物布局结构调整方略与对策。

国土资源部新构造运动与地质灾害重点实验室

实验室主要从事新构造、活动断裂与重大地质灾害形成机理与成灾模式研究，2010 年承担自然科学基金项目 10 项、科技部纵向项目 8 项、地调项目 20 项、基本科研业务费项目与横向项目 40 项，实验室人员年度发表论文 40 篇，包括 SCI 与 EI 检索论文 13 篇。

2010 年实验室主要研究成果包括：①完成中国大陆第一版地质灾害风险评估技术指南和技术流程，初步在陕西省宝鸡市建立地质灾害风险管理示范基地，在 2010 年宝鸡市汛期地质灾害防灾救灾过程中发挥了重要作用。②在西南的红河断裂带、龙门断裂带地区及首都圈建立了 20 个深孔地应力测量与监测台站，在陕西宝鸡市区建立了由全站仪、GPS、雨量计及应变计等组成的 5 个滑坡监测台站和 6 个降雨自动测量站。完成了深孔压磁应力解除系统、深孔压磁监测系统以及深孔水压致裂系统设计定型，样机制造和室内、室外适用性测试。③积极参与玉树地震抗震救灾，应急调查发现的地震地表破裂带的走向、长度、位移、断裂特征等，分析玉树地震的地震破裂机制，初步确定了宏观震中位置——距离玉树县城西北方向隆宝镇郭央烟宋多附近，并对今后进一步工作和城镇选址避让提出了建议，详细分析了玉树地震深部成因机制，以及 D-InSAR 获取的玉树地震地表变形特征。④在新西兰国际工程地质大会期间组织了新构造与地质灾害专题研讨会（Workshop on Neotectonics and Geohazards），并向国际同行介绍了 IAEG-C24 专委会一年来的工作情况及中国在该领域的研究进展。

平武地应力监测台站

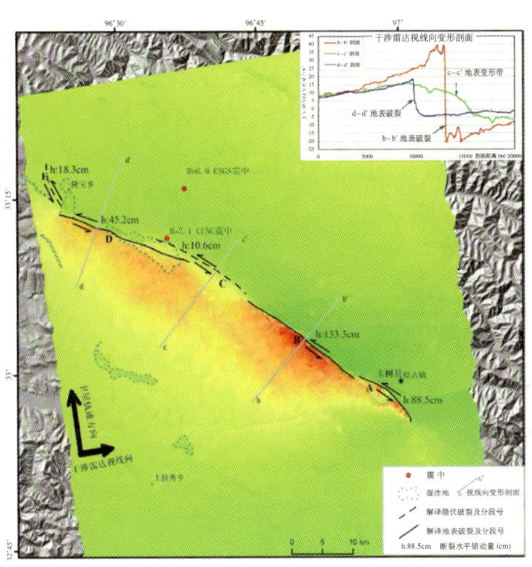

玉树地震同震变形雷达视线向变形图

多通道接收机

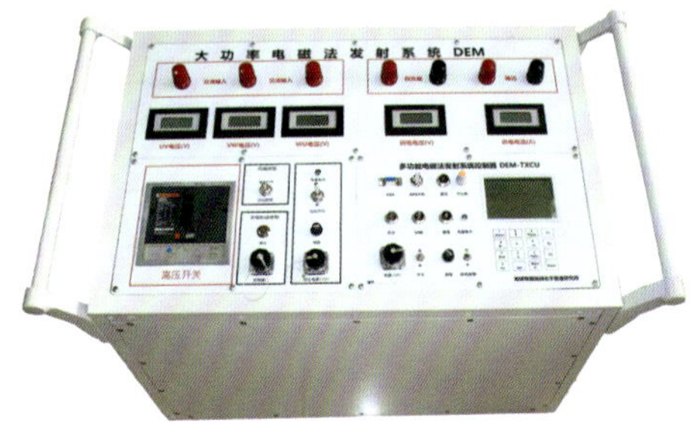

大功率多功能电磁发射机

国土资源部地球物理电磁法探测技术重点实验室

实验室发挥人才、技术和设备优势，积极承担地质调查项目与国家 863 计划项目，部分项目取得显著进展与重要成果。2010 年实验室承担的重要项目及研究成果如下：

完成了大功率发射机样机、分布式宽带接收机样机、三分量高温超导磁传感器样机的研制与联合调试。使样机系统具备大功率多功能电磁测量的功能，可以开展天然场音频大地电磁测深（AMT）、可控源音频大地电磁测深（CSAMT）、时间域与频率域激电（TDIP/FDIP）测量工作。该套样机系统的成功研制不仅填补了国内多功能电法系统的研究空白，且所研究的样机系统在最高发射电压（1200V）、最大发射电流（50A）、最大发射功率（50kW）、大动态宽频数据采集、高精度混合同步（GPS+ 恒温晶体）、观测数据频点密度等方面优于目前引进的多功能电法系统。

开展大功率多功能电磁系统样机的场地实验。在内蒙古某矿区开展了自主研发的大功率多功能电磁系统的场地实验，并与美国 ZONGE 公司的增强型 GDP32 系统及加拿大凤凰地球物理公司的 V8 多功能系统进行了同剖面的 CSAMT 对比实验；开展了多种型号的时间域激电仪的同剖面对比实验。场地实验表明，自主研发的大功率多功能电磁系统样机能够采集到可靠数据，所研发的数据处理方法技术正确。

在电磁二维 / 三维正反演研究方面，开展了起伏地形条件下 AMT/MT、CSAMT、IP 的理论公式推导、程序编制与试算，取得初步成果，为多功能电磁探测提供了解释技术支持。

与重庆地质仪器厂合作，对研制的大功率多功能电磁系统样机进行了优化设计。包括对仪器内部电路布局、干扰屏蔽、仪器外壳的工艺等进行了重新设计，已完成电路板制作、机箱加工，目前正在组装调试多功能接收机，待完成组装调试和性能指标测试及典型矿区的应用试验后，该套系统即可进入推广应用，为我国深部资源勘查提供自主的大功率多功能电磁探测技术。

中国地质科学院应用地球化学重点开放实验室

实验室依托中国地质科学院地球物理地球化学勘查研究所，发展应用地球化学基础理论和新方法、新技术，建成国际水平应用地球化学研究中心，为资源勘查和环境监控与治理提供技术支撑。2010 年承担 973 项目研究课题 1 项、863 计划课题 1 项、科技专项项目 4 项、地调计划项目 3 项及工作项目 15 项。实验室 2010 年度工作及主要进展如下：

申请建立联合国教科文组织全球尺度地球化学研究中心取得实质性进展。2010 年 2 月，中国地质科学院地球物理地球化学勘查研究所在国土资源部、中国地质调查局、中国地质科学院、廊坊市人民政府、国际地质科学计划中国委员会以及有关国际学术组织支持下，正式向联合国教科文组织 IGCP 科学执行局提出申请，建立“全球尺度地球化学研究中心”。2010 年 11 月，联合国教科文组织生态与地球科学部地学主管、国际地学计划（IGCP）秘书长罗伯特 · 米索顿博士来华进行了可行性评估工作。2011 年 2 月，评估报告在 IGCP 科学执行局第 39 届会议上获得一致通过。现正在积极争取获得联合国教科文组织执行局会议和全体大会讨论批准。

韩子夜所长向 Missotten 博士赠送《江西省地球化学图集》

首次在隐伏金属矿上方发现纳米金属微粒——深穿透地球化学的微观证据：在科技部 863 课题和深部探测专项（SinoProbe-4）联合支持下，在河南南阳盆地 300 ~ 1000m 深度隐伏铜镍矿上方首次在地气和土壤介质中同时发现铜等金属纳米微粒。透射电子显微镜观测，发现单个金属的球形、椭球形微粒及团聚体，粒径为 10 ~ 100nm，显像直观、质感，图像清晰。纳米金属微粒发育有序晶体结构，与隐伏矿体存在成因联系。同时在实验室建立了模拟迁移柱，证实纳米金属可向上迁移，揭示了纳米金属的迁移机理。为深穿透地球化学提供了直接的微观证据，使寻找隐伏矿床的深穿透地球化学技术获得重大突破并具有重要的应用价值。该项成果入选中国地质科学院 2010 年度十大科技进展。

初步建立覆盖全国的全球尺度地球化学基准网：按照国际标准，初步建立了一个覆盖全国的地球化学基准网，实现对不同时代典型岩石和第四纪沉积物几乎全部天然元素的分析测试，测试指标达 81 项（含 78 种元素）。不仅建立了元素的空间和时间分布基础数据，而且为研究化学元素演化历史和衡量化学元素含量未来的全球变化提供了参照标尺。利用现有房屋条件建立了 500m^2 的全国地球化学基准值样品库，这也是首次系统性建立岩石和土壤地球化学实物样本。

中国地质科学院生态地球化学重点开放实验室

王晓红研究员在与德国学者交流

刘晓端研究员在野外了解工作区情况

杨永亮研究员在沈阳建立土壤修复示范基地

饶竹研究员在地球开放日向参观者讲解

实验室依托国家地质实验测试中心重点研究环境污染物的生态地球化学行为，2010年承担国家级和省、部级项目共34项，经费总数达到1500万元。全年发表SCI检索期刊论文15篇、中文核心期刊论文28篇，资助编著并出版专著1部。

实验室承担国家863计划原位微区X射线光谱分析装置与应用技术研究项目，建立了定量－半定量原位微区X射线光谱分析方法、模型与软件，制造了具有自主知识产权的原位微区X射线光谱分析装置。实验室承担的国家科技支撑计划课题“村镇污染土地生物修复技术应用实验研究”和“城市废弃工矿区土地修复技术研究”，筛选出多种矿物修复材料，对矿山污染大田蔬菜种植土壤进行了有效修复；地调项目“金属有机化合物形态分析方法与技术研究”利用新引进的HPLC-ICP/MS建立了砷、锡、铅的金属有机化合物形态分析方法和技术，填补了地调系统的空白；科技部国际合作项目“东北重工业城市地球化学环境生态安全监测与修复治理的技术研究”利用含磷物质对被多种金属污染的土壤进行重金属的化学固定作用的研究，修复后的土壤种植的蔬菜产量和形态明显优于未经过修复的土壤，取得了令人满意的成果。

2010年实验室获奖包括：①“首都北京及周边地区水、土环境污染机理与调控原理”获国土资源科学技术奖一等奖；②“多目标地质调查中主要有机物分析方法研究及应用”获国土资源科学技术奖二等奖；③“硅质海绵骨针矿化机制及仿生研究”入选中国地质科学院2010年度十大科技进展。

2010年实验室与美国、德国、加拿大、日本等国开展国际合作与学术交流，互访次数2次，派出访问、合作实验及培训2人次，参加国外的学术会议1人次。2010年9月邀请瑞典斯德哥尔摩大学地球科学系的Ludvig Lowenmark教授来实验室作“XRF元素扫描分析与X－光数码成像技术在生态地球化学及全球气候环境变化研究中的应用”学术报告；2010年7月邀请美国WATERS公司、日本电子和美国热电等公司的研发人员来实验室作“高分辨率有机质谱仪的原理及应用”报告。2010年7月实验室与日本同行合作，派人到日本系统学习全氟有机化合物的分析方法。

中国地质科学院地层与古生物重点开放实验室

2010年实验室共承担科技部、国家自然科学基金、中国地质调查局等各类科研项目25项，组织召开了第三届国际翼龙学术研讨会，在《地球学报》第31卷增刊出版了论文摘要集。金小赤、季强、姬书安、刘鹏举等4人在国内外学术组织中担任新职。实验室人员年度发表第一作者论文23篇，包括SCI检索论文6篇。

2010年重要研究成果包括：在辽西热河生物群发现离龙类含胚胎化石，命名了恐龙和翼龙等中生代脊椎动物化石若干新属种；在西藏新发现三叠纪、侏罗纪化石与地层，对古地理格架提出了新认识；初步提出我国重点古生物化石分级标准，初步编制我国第一批和第二批重要保护化石名录；发现兴安–内蒙古地区晚古生代生物礁。其中，“中国辽宁热河生物群中首次发现含胚胎的离龙类化石”入选2010年度中国地质科学院十大科技进展。

参加第三届国际翼龙学术研讨会的代表考察辽宁朝阳鸟化石国家地质公园

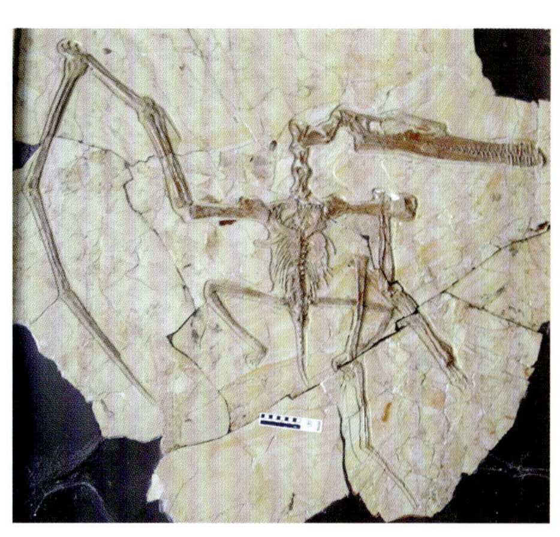

辽西热河生物群中翼龙类化石新属种——长吻振元翼龙（*Zhenyuanopterus longirostris*）

中国地质科学院深部探测与地球动力学实验室

实验室 2010 年承担各类科技项目 15 项，包括国家自然科学基金重点项目 2 项与面上项目 5 项，深部探测技术与试验研究专项（SinoProbe）项目、公益性行业科研专项经费项目和地调项目 8 项。

2010 年，实验室组织开展青藏高原深地震探测方法技术实验，获得青藏高原腹地巨厚地壳莫霍面的有效反射记录和班公－怒江缝合带复活的地震证据；中美合作在华北北部进行了主动源地震多方法、多分量联合采集实验；在松辽盆地及外围地区获得地壳精细结构和岩石圈地幔内的地震反射。

2010 年，实验室发表论文 21 篇，包括 SCI 收录论文 8 篇。实验室完成“深地震反射剖面揭示青藏高原东北缘岩石圈缩短变形重要证据”入选中国地质科学院 2010 年度十大科技进展。

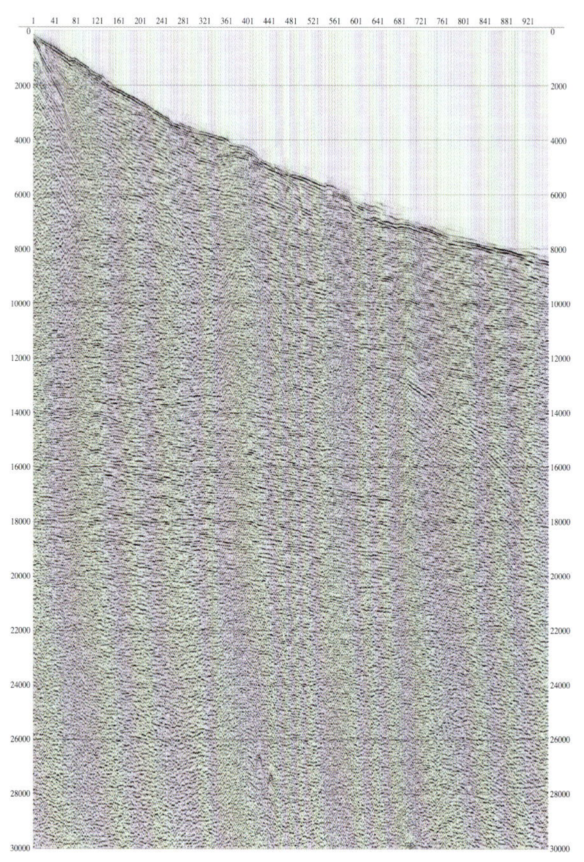

南羌塘的一个大炮记录 (Moho 反射位于 20s)

中国地质科学院岩溶生态系统与石漠化治理重点开放实验室

2010 年，实验室积极承担各类科技项目 22 项，荣获第三届中国水土保持学会科学技术奖一等奖与二等奖各 1 项；参与国际重要学术交流 5 人次，组织、接待国外专家考察、讲学与合作交流 3 次共 12 人次；发表核心期刊论文 15 篇，出版学术专著 2 部。

2010 年，实验室完成国家科技支撑计划课题“喀斯特峰丛山地脆弱生态系统重建技术研究”与“云贵高原岩溶山地石漠化坡耕地整治与高效生态农业技术集成与示范”，承担国家自然科学基金项目“岩溶环境硼镉交互作用及其镉、酚累积效应”、国家自然科学青年基金项目“岩溶峰丛洼地表层岩溶泉域植被生态需水量研究”、地质调查工作项目“中国地质碳汇潜力研究”及多项地方科研项目。

实验室通过“喀斯特峰丛山地脆弱生态系统重建技术研究”，在广西平果等石漠化生态治理科技示范区进行生态修复成果显著，使当地生态逐步恢复，土地生产力提高了 10-20 倍，形成了以火龙果为龙头的附加药材、种草养殖等生态治理衍生产业链，农民逐步走向富裕，相关技术成果已在广西 24 个石漠化较严重的县进行了推广应用。“会仙岩溶湿地综合考察与水生态修复”通过水利部组织的考察，相关成果被用于湿地脆弱生态的修复、重建规划与设计中，同时，会仙岩溶生态研究基地建成，成为湿地保护与生态修复关键技术试验与示范区。

“十一五”国家科技计划课题“喀斯特峰丛山地脆弱生态系统重建技术研究”通过了科技部组织的野外验收（2010.9.11~9.13）

2010 年度获奖证书

参加第三届北方岩溶和岩溶水学术讨论会（2010.8.1~8.5）

美国田纳西大学 Dr. Gary S. Sayler 一行在实验室进行学术交流（2010.9.25~9.27）

王喜生研究员访问挪威卑尔根大学古地磁实验室

中国地质科学院古地磁重点实验室

实验室2010年重点开展古大陆再造、古环境重塑及断层岩岩石磁学研究。2010年先后接待来自日本神户大学的乙藤洋一郎教授、挪威卑尔根大学Reidar Løvlie教授、日本古地磁专家郑重博士、2G公司古地磁仪器专家W.Goodman博士等来实验室进行交流与合作。实验室成员积极宣传和交流最新研究成果，先后参加了2010年3月于广州召开的构造地质论坛会议、2010年8月于兰州召开的全国第四纪地质大会、2010年10月于宁波召开的中国地球物理年会，在大会分别做了学术报告，展示了实验室最新成果与技术方法，受到重视与好评。

杨振宇研究员与日本神户大学的乙藤洋一郎教授等在野外考察

7 对外合作与学术交流

2010 年，全院共执行外事项目 113 项、483 人次，其中派出项目 69 项、224 人次，请进项目 44 项、259 人次。

2010 年度对外交流与合作数据统计

项目类别	派出		请进	
	项目数	人次	项目数	人次
访问考察	7	12	4	53
国际会议	32	129	7	115
合作研究	29	81	31	72
短期培训	1	2	1	17
智力引进			1	2
合　计	69	224	44	259

重要外事活动

俄中“俄罗斯北极地区联合科学考察”——中俄地质高层首次俄罗斯北极与远东地区联合地质考察圆满成功：根据中国地质调查局与俄罗斯联邦地质矿产署合作备忘录和中国地质科学院与俄罗斯全俄地质研究所签署的合作意向书，中俄双方开展“双极联合科学考察”计划（青藏高原第三极和俄罗斯北极）。2009 年中俄“中国青藏高原第三极联合科学考察”取得圆满成功。

汪民副部长等在专机上工作

考察堪察加铜镍矿

列多夫斯基署长陪同汪民副部长考察镍矿

考察著名的西伯利亚大火山岩省二叠纪玄武岩不整合面

考察诺里尔斯克镍矿

考察 Listvyanka 和沿线西伯利亚地盾地质剖面

董树文副院长与莫罗佐夫副署长在贝加尔签署会谈纪要

应俄联邦地质矿产署署长列多夫斯基邀请，中国国土资源部副部长、中国地质调查局局长汪民率团一行7人于8月14～25日赴俄开展俄中“堪察加半岛–北极地区–贝加尔湖”联合地质考察。中国地质科学院副院长董树文研究员、地质力学研究所副所长赵越研究员等随团参加考察。

考察总行程1.4万余千米，内容包括：堪察加半岛现代活火山群、间歇泉谷、铜–镍矿床、地热发电站；俄北极地区镍矿露天采场、地下800m矿井、二叠纪玄武岩与煤系地层不整合面和普托纳拉玄武岩高原；贝加尔湖地质构造、水利与生态。汪民副部长与诺里尔斯克镍业公司等矿山企业负责人多次座谈，下矿井考察，为开拓中俄矿产资源勘查开发合作奠定基础。

科学考察期间，中俄双方签署《中国质地调查局与俄罗斯联邦地质矿产署合作项目备忘录》，开展西太平洋大陆边缘深部过程与成矿、青藏高原与贝加尔湖形成地质环境和西伯利亚与中国二叠纪大火山岩省对比研究。

此次考察对了解俄北极和远东地区地质资源情况，对国家实施“走出去”战略具有重要意义。由于考察地区跨度大且地处偏远，俄方花巨资全程包租专机和直升机，为考察提供了交通便利和安全保障。

王小烈书记随科技部部长万钢一行赴德国参加中德科技合作联合委员会第二十一次会议：中国地质科学院党委书记、副院长王小烈研究员于2010年11月10～13日赴德国，出席11月11～12日在柏林举行的中德科技合作联合委员会第二十一次会议。中方代表团团长为科技部部长万钢教授，代表团成员来自科技部、国家自然科学基金委员会、中国科学院、中国地质科学院、中国驻德国大使馆等单位。德方代表团由德国联邦教育与研究部（BMBF）部长安内特沙万教授（Annette Schavan）任团长，其成员包括德国联邦教研部、外交部（AA）、德国弗朗霍夫协会（FhG）、赫姆霍兹大研究中心联合会（HGF）、马普学会（MPG）、莱布尼兹协会、亚历山大洪堡基金会（AvH）、德国学术交流中心（DAAD）等单位的代表。

会议于11月11～12日在德国联邦教研部举行。万钢部长和沙万部长出席联委会会议开幕式并致辞。会议对双方在能源、生物、电动汽车、环境、海洋、地学等众多领域的合作进行了回顾和展望，对双方在中德科教年中取得的成就表示赞赏，并就进一步发展中德科技合作，建立中德创新平台、中德生命科学合作平台和中德大学机构化合作平台等达成共识。王小烈书记在会上对中国地质科学院与德国地学科研机构的合作情况进行了介绍，并就双方进一步加强在地学科研领域的合作提出了建议。

万钢部长和德国联邦教研部国务秘书Georg Schütte先生代表各方签署中德科技联委会第二十一次会议纪要。会议决定中德科技联委会第二十二次会议将于2012年在中国举行。

中德科技合作联合委员会第二十一次会议

签约仪式

国际岩溶研究中心年度工作进展

2010 年是国际岩溶研究中心（IRCK）正式启动运行的第二年，中心积极开展国际合作与交流，成效显著。主要包括：

（1）参加 IGCP 科学执行局第 38 次会议并作 2009 年度工作汇报，国际合作局面进一步打开：应罗伯特 · 米索顿教授的邀请，岩溶地质研究所副所长刘雯、IRCK 常务副主任曹建华、IRCK 秘书长章程 3 人出席了 IGCP 科学执行局第 38 次会议。曹建华研究员分别在闭门会议和开放会议上作了中心 2009 年度工作报告，赢得了委员们和与会各国代表的热烈响应和好评，认为中心成立一年来在科学研究、国际合作与交流、培训与科普等方面取得了显著成绩，在组织机构、行政管理、运行条件及网络建设等方面均有了可喜进展与改善。

（2）签署“中－巴巴多斯－美国在岩溶资源研究及教育领域的三方合作意向备忘录”：2010 年 9 月 28 － 29 日，巴巴多斯驻华大使桑迪福特先生和美国西肯塔基大学霍夫曼环境研究所所长 Chris Groves 教授访问岩溶所，中心主任姜玉池研究员与桑迪福特先生和 Chris Groves 教授签署了“中国－巴巴多斯－美国在岩溶资源研究及教育领域的三方合作意向备忘录”，旨在汇集三方的共同努力，共享中国、巴巴多斯和美国的学术成果与资源，提高环境保护意识，从水资源、公共健康到旅游产业和经济发展等诸多方面加强国际交流与合作。

曹建华研究员作国际岩溶研究中心 2009 年度工作报告

董树文副院长、曹建华研究员与 UNESCO 驻雅加达办公室官员交谈

参观中国岩溶地质馆

国际岩溶研究中心与巴巴多斯政府、美国西肯塔基大学霍夫曼环境研究所三方座谈

姜玉池主任（中）与巴巴多斯驻华特命全权大使 Lloyd Erskine Sandiford 爵士（左）和美国西肯塔基大学 Chris Groves 博士（右）签署三方合作意向备忘录

（3）应邀参加由 IHP 牵头实施的“第纳尔岩溶含水层系统保护与可持续利用”项目启动会议：联合国教科文组织国际水文计划（International Hydrological Programme, IHP）是教科文组织水科学处在全球范围协调领导实施国际对比研究，以解决区域性、全球性水资源、水环境问题的国际机构，是教科文组织系统主要自然科学计划之一。近年来随着全球水资源、水环境问题的日益严重，IHP 组织实施的国际合作项目受到教科文组织的高度重视，不但对其资助力度不断加大，而且积极鼓励其与教科文组织其他科学计划交叉、合作，如国际地学计划（IGCP）、国际人与生物圈计划（MAB）等。

应 IHP 秘书处地下水资源项目负责人 Alice Aureli 博士的邀请，中心常务副主任曹建华研究员和中心秘书长章程研究员于 11 月 10 ~ 12 日参加了在波黑举行的由 IHP 牵头实施的“第纳尔岩溶含水层系统保护与可持续利用”项目的启动会议，了解掌握了 IHP 项目的最新资料，扩大了岩溶研究中心的国际合作范围。

（4）“岩溶水文地质与岩溶碳循环监测”国际培训班：为了加强国际交流与合作，传播先进的岩溶水文地质与岩溶碳循环监测知识，经国土资源部批准，由岩溶地质研究所和联合国教科文组织国际岩溶研究中心（IRCK）主办的“岩溶水文地质与岩溶碳循环监测”国际培训班于 2010 年 11 月 30 日～ 12 月 10 日在广西桂林开班授课，来自埃塞俄比亚、泰国、印度尼西亚、秘鲁、巴西、巴布亚新几内亚、尼日利亚、印度、越南、波兰、德国以及中国在内的国家和地区的学员和教员共 33 人（其中 15 名外籍学员，6 名外籍教员）参加了培训班。

国际岩溶研究中心“岩溶水文地质与岩溶碳循环监测”国际培训班闭幕式合影

水文地质组讨论现场

为学员颁发结业证书

参观国际岩溶研究中心展板走廊

漓江考察

国际科技合作项目及研究进展

“亚洲北—中—东部三维地质结构与成矿规律”国际合作项目：中国、俄罗斯、蒙古、哈萨克斯坦、韩国“亚洲北—中—东部三维地质结构与成矿作用研究”合作项目第八次工作会议于2010年6月9～14日在韩国地球科学与矿产资源研究院成功举行。以李廷栋院士为团长的中国代表团一行11人，以及来自俄罗斯、蒙古、韩国的代表共53人参加了会议（哈萨克斯坦代表因故未能与会）。

各国总结交流了2009年6月在俄罗斯圣彼得堡召开的第七次工作会议以来的工作成果、存在的问题以及对今后工作的建议；一致同意将该合作项目的时间延长到2012年，提出了继续合作、深化研究的内容和扩大研究领域的建议方案；安排了2010年7月至2011年12月各课题、专题的“工作日程表”；初步确定2012年参加第34届国际地质大会展出的成果内容。各国代表团团长签署了会议纪要。会后，与会代表赴韩国南部和济州岛进行了野外地质考察。

各国代表参观中国项目工作组编制的图件

中国、俄罗斯、韩国和蒙古代表团团长签署会议纪要

与会四国代表合影留念

参加野外地质考察的代表合影留念

中俄启动地学合作新项目：为了具体落实汪民副部长率团赴俄罗斯开展俄中“堪察加半岛–北极地区–贝加尔湖”联合地质考察期间签署的《中国地质调查局与俄罗斯联邦地质矿产署合作项目备忘录》，中国地质科学院于12月19～21日在北京举办了“中俄合作项目对接工作会议”。俄罗斯联邦地质矿产署地质科技基地司副司长切普卡索娃（T. Chepkasova）、全俄地质研究所所长彼得洛夫（O. Petrov）教授等8位俄方代表专程来京出席会议。国土资源部科技与国际合作司冯文利副处长、中国地质调查局科技外事部连长云副主任、中国地质科学院董树文副院长以及各项目组中方负责人和成员共40余人参加会议。汪民副部长会见并宴请了俄罗斯代表团全体成员和中方代表团主要成员。

中俄双方就备忘录中提出的开展西太平洋大陆边缘深部过程与成矿、青藏高原与贝加尔湖形成地质环境和西伯利亚与中国二叠纪大火山岩省对比研究介绍了各自的研究计划和工作时间表，并进行了充分讨论，交换了意见。

董树文副院长代表中方，切普卡索娃副司长和彼得洛夫所长代表俄方签署了“中俄合作项目对接工作会议纪要”。纪要规定在今后3～5年（2011～2015）中俄将合作开展：①西太平洋大陆边缘深部过程与成矿；②青藏高原–贝加尔断裂新生代动力学背景与古环境响应；③中国与俄罗斯西伯利亚二叠纪大火山岩省对比项目。中俄合作开展的上述3个新项目将整体纳入中俄蒙哈韩五国合作项目第三阶段的计划范畴。

汪民副部长会见全俄地质研究所副所长E.Kiselev 教授

王小烈书记会见全俄地质研究所副所长E. Kiselev 教授

董树文副院长、俄联邦地质矿产署 T. Chepkasova 副司长、全俄地质研究所 O. Petrov 所长共同签署会议纪要

金小赤研究员在 CGMW 大会上作特邀报告

中方项目人员与越南专家合影

中越专家就有关地质问题深入交换意见

中方项目人员与俄罗斯、蒙古专家合影

1∶500 万国际亚洲地质图项目: 2010 年,“1∶500 万国际亚洲地质图(IGMA 5000)”项目国际合作活动比较频繁。2 月 11 ~ 19 日受项目负责人任纪舜院士的委托,金小赤、牛宝贵、王军 3 人赴法国巴黎参加了 CGMW 执行局会议和大会;金小赤研究员代表 CGMW 南亚和东亚分会报告了 IGMA 5000 的工作进展,展示了最新的 IGMA 5000 草图,受到与会者的一致赞许。7 月 24 日~ 8 月 14 日蒙古和俄罗斯专家应邀来华与中方人员合作进行中亚和蒙古部分的编图工作,8 月 23 ~ 29 日王军赴德国参加国际地球科学信息管理和应用委员会(CGI)理事会年度会议和地球科学语言研讨会,11 月 21 ~ 30 日越南学者来华进行印度支那部分的合作编图工作。

通过这些学术活动,取得了以下进展:

(1) 在 CGMW 理事会上,金小赤研究员当选为 CGMW 南亚和东亚分会副秘书长,王军副研究员在 CGI 会上当选为 CGI 委员会委员。CGMW 是国际地质编图的权威性机构,CGI 是 IUGS 下属关于地质数据库管理和应用的权威性国际组织。他们 2 人的当选使中国学者与国际地学组织的关系进一步加强。

(2) 通过与蒙古、俄国和越南地质学家的共同工作,不但完善了 IGMA 5000 中亚、蒙古和印度支那的地质图件和空间数据库,而且研讨了这些地区一系列地质问题,解决了中国南部与中南半岛,中国北部与中亚、蒙古地层划分和地质单元的对比、连接关系。

(3) 使国际地学界进一步认识了中国。今年来华工作的俄罗斯专家、世界地质图委员会构造图分会秘书长 I. Pospelov 说:“当任纪舜院士在 2004 年 CGMW 理事会上提出接受编制国际亚洲地质图任务时,理事会成员对任纪舜院士的勇气表示钦佩,但也表示担心。因为亚洲是世界上面积最大的一个大陆,人口最多,国家最多,地质构造复杂,研究程度又很不一致,工作十分困难。经过几年的工作,特别是这次亲历现场,看到你们是怎样工作的,我相信这一国际合作任务一定可以按时圆满完成。”

成立“德中生物–矿物联合实验室”：自2006年起，中国地质科学院国家地质实验测试中心与德国美因茨大学合作开展了硅质海绵骨针矿化与仿生应用方面的合作研究，双方共同撰写发表SCI收录研究论文30多篇，极大地推动了中国地质科学院在该领域的研究工作。基于上述丰硕的研究成果并在德国教育与科研部的资助下，德国美因茨大学和中国地质科学院国家地质实验测试中心“德中生物–矿物联合实验室”于2010年2月23日在德国美因茨大学成立。中国地质科学院副院长董树文研究员、国家地质实验测试中心副主任罗立强研究员、中方项目负责人王晓红研究员代表中方，德国美因茨大学副校长、德国前国防部长、德国教育与科研部德中项目负责人、德方项目负责人代表德方出席了签字仪式。

未来5年，双方将借助德中实验室这一合作平台，利用硅质海绵骨针的矿化机制仿生合成具有优良性能的生物硅矿物材料，用于医学领域。

中方代表团与德方代表合影

德国美茵茨大学Müller教授介绍中德合作情况

典型硅质海绵动物样品

Rhein Main Presse 13

Mittwoch, 24. Februar 2010

aus der Tiefsee

FORSCHUNG Universitätsmedizin kooperiert mit chinesischen Partnern

当地报纸Rhein Main Press对此次签字仪式进行报道

德国美茵茨大学Müller教授介绍中德合作情况

中美德加喜马拉雅和青藏高原深剖面及综合研究(INDEPTH)国际合作项目：根据项目工作需要，向中国地质调查局上报《INDEPTH项目第四阶段与德国波茨坦地学研究中心合作谅解备忘录》(草案)。根据草案内容，中德双方对在青海、甘肃境内的INDEPTH项目第四阶段下一步补充工作合作事宜达成共识，2010～2011年计划穿越祁连断裂带布设30台地震观测站，双方共享全部原始数据，联合发表学术论文。

重要国际会议

第四届世界地质公园大会：2010 年 4 月 9 ~ 15 日“第四届世界地质公园大会”在马来西亚兰卡威世界地质公园举行，中国地质科学院纪委书记王洁率中国地质科学院代表团一行 6 人参加大会及会议组织的第二届世界地质公园展览会。中国地质科学院在展览会上设立展台，介绍在推进地质公园方面取得的成绩。赵逊研究员在会上作了题为“世界遗产地与世界地质公园的地质遗迹保护与发展 —— 以中国为例”的主旨发言，并参加了联合国教科文组织世界地质公园网络（GGN）执行局会议。

联合国教科文组织世界地质公园网络执行局成员赵逊教授与新获批准的中国世界地质公园的代表合影

马来西亚皇室成员 Naguiyuddin 王子与中国代表团成员在展台前合影

所有新批准的世界地质公园的代表合影

参加野外考察的各国代表合影

地质力学研究所所长龙长兴与中国地质科学院地质公园推广研究中心主任郑园园参加国土资源部地质环境司组织的政府团赴马来西亚参会。龙长兴研究员作为顾问委员会成员参加亚太地区地质公园网络（APGN）顾问委员会会议。会后，龙长兴、郑园园二人随团赴澳门参加了“中国古生物化石和地质环境保护前沿论坛”。

纪念中法喜马拉雅国际合作 30 周年暨青藏高原大陆动力学学术讨论会：2010 年 9 月 14 ~ 15 日，由中国地质科学院主办、国土资源部大陆动力学重点实验室承办的"纪念中法喜马拉雅国际合作 30 周年暨青藏高原大陆动力学学术讨论会"在京隆重召开。国土资源部副部长、中国地质调查局局长汪民出席开幕式并讲话。中法专家学者共 90 余人出席了会议。会议期间，18 位中法学者作学术报告，从青藏高原的大陆动力学、地壳结构与地壳变形、高温高压、变质记录、流变学、热年代学及青藏高原气候变化等领域交流研讨两国对于青藏高原地区的最新研究成果。

国土资源部汪民副部长在开幕式上致辞

中法喜马拉雅科学考察队法方队长 Allegre 院士在开幕式上致辞

大会会场

法国蒙彼利埃大学 A. Nicolas 教授作学术报告

国土资源部总工程师张洪涛在闭幕式上致辞

老中法队员在欢迎宴会上合影留念

国土资源部科技与国际合作司司长姜建军在开幕式上致辞

中国地质调查局副局长钟自然在开幕式上致辞

北京离子探针中心主任刘敦一研究员在开幕式上致欢迎辞

中国地质科学院王小烈书记在欢迎宴会上致辞

“第五届国际二次离子质谱(SHRIMP)研讨会”和“SIMS及LA-ICP-MS地质年代学以及在地质过程中的应用研讨会”：2010年10月9～24日，由中国地质科学院地质研究所、北京离子探针中心和中国国际前寒武研究中心联合主办的“第五届SHRIMP国际工作会议暨高分辨二次离子质谱（HR－SIMS）及LA－ICP－MS地质年代学进展及其地质应用国际研讨会”在京举行。来自17个国家的百余名代表（其中境外代表40余名）参加了会议。

与会代表围绕“SHRIMP（高灵敏、高分辨二次离子探针质谱计）的应用及技术发展”和“高分辨二次离子质谱（HR－SIMS）及LA－ICP－MS地质年代学进展及其在地质问题中的应用”两个议题宣讲了学术论文51篇。部分参会代表会后赴内蒙古中东部地区考察了集宁土贵乌拉（察哈尔右翼前旗）地区5个孔兹岩系－超高温变质岩区地质点。

Ian Williams博士指导参会代表及学生进行SHRIMP上机操作

赴内蒙古进行野外地质考察

国际组织 2010 年度重要活动

国际地质科学联合会：①完成国际地质科学联合会（IUGS）地质遗迹北京办公室2009年年度报告，并上报国际地科联；②与中国地质科学院信息中心合作，向有关部门上报有关材料，解封国际地质科学联合会官网；③交纳国际地科联、世界地质图委员会、国际矿床成因协会2010年年度会费；④接待国际地质科学联合会副主席、法国国立奥尔良大学教授Jacques Charvet博士来中国地质科学院作学术报告；⑤提名推荐董树文研究员、杨振宇研究员为2012～2016国际地质科学联合会（IUGS）执行委员会候选人人选。

第34届国际地质大会筹备：第34届国际地质大会将于2012年8月5～10日在澳大利亚布里斯班举行。中国地质科学院邀请第34届国际地质大会秘书长伊恩·莱姆伯特博士（Ian Lambert）于2010年11月11日来中国地质科学院推介第34届国际地质大会。国土资源部科技与国际合作司、中国地质科学院、中国地质学会有关领导与莱姆伯特博士举行会谈，就中国地质代表团赴澳参会的具体事宜进行沟通与洽谈。

世界地质公园网络：①协助部地质环境司翻译、审校由世界地质公园网络（GGN）执行局颁布的2010年版《国家地质公园申请加入世界地质公园网络指南与标准》；②协助部地质环境司向联合国教科文组织推荐中国地质科学院地质力学研究所所长龙长兴研究员担任世界地质公园网络执行局委员相关材料的准备及翻译工作；③协助房山世界地质公园完成联合国教科文组织世界地质公园网络执行局中期评估汇报工作。

第34届国际地质大会秘书长Ian Lambert博士作报告

国土资源部科技与国际合作司司长姜建军会见Ian Lambert秘书长

代表团会间交流

参加国际地球科学计划（IGCP）科学执行局第38次会议： 应联合国教科文组织生态地学部全球观测处负责人、IGCP秘书长罗伯特·米索顿（Robert Missotten）教授的邀请，中国IGCP全委会秘书长、IGCP科学执行局成员董树文研究员于2010年2月15～19日赴法国参加IGCP科学执行局第38次会议的闭门和开放会议，会议评审了2010年申报IGCP科学项目申请书、评估了国家委员会年报和执行的IGCP项目的年度报告。商讨了2012年IGCP 40周年的庆祝活动设想，通过了IGCP国家委员会报告的改革意见等议程。董树文副院长汇报了2009年中国IGCP全国委员会的工作，中国IGCP国家委员会年报被评为最出色的两个报告之一。

中国代表团成员与部分IGCP科学执行局委员合影

以中国IGCP全委会的名义向IGCP秘书处推荐4项由中国科学家为主要倡议人的IGCP新项目： ① IGCP-589项目“亚洲特提斯域的发育：成因、过程及结果”，由中国地质科学院地质研究所金小赤研究员联合日本、菲律宾、泰国等国的科学家提出申请。② IGCP-598项目“环境变化与岩溶系统可持续性：与气候变化和人类活动的关系”，由中国地质科学院岩溶地质研究所章程研究员联合巴西、斯洛文尼亚、西班牙、美国等国的科学家提出申请。③ IGCP-603项目“岩溶水资源的形成、演化及保护的全球研究”，由西南大学地理学院蒋勇军博士联合瑞士、美国、印度尼西亚等国青年科学家提出申请。④ IGCP-606项目“东特提斯域碰撞造山带的成矿作用”，由中国地质科学院地质研究所侯增谦研究员联合美国、加拿大、巴基斯坦、伊朗等国的科学家提出申请。

成功召开"中国国际地学计划(IGCP)全国委员会2010年年会"：2010年11月19～20日，中国国际地学计划全委会2010年年会在京召开。会议主要议程包括：①中国国际地学计划全委会董树文秘书长代表全委会汇报2010年工作；②申报2011年IGCP项目介绍及国家工作组2010年度工作进展汇报；③中国国际地学计划全委会2010年工作会议，主要议程包括：评议各国家工作组的进展报告；讨论制定全委会2011年工作计划；讨论中国IGCP全委会组团参加IGCP科学执行局第39次会议事宜；讨论中国IGCP全委会换届事宜；讨论参与国际地质科学联合会成立50周年纪念活动及参与组织"IGCP 40年"纪念活动事宜。

中国IGCP全委会2010年年会会场

中国IGCP全委会刘敦一主任主持全委会2010年年会全体大会

中国IGCP全委会董树文秘书长代表全委会作2010年工作报告

全委会工作会议会场

申请在华成立"国际地球化学填图研究中心"：2010年国际地球化学填图研究中心申报工作取得重要进展，主要活动及工作进展如下：

(1)申请获联合国教科文组织IGCP科学执行局支持：应罗伯特·米索顿(Robert Missotten)教授的邀请，并受谢学锦院士的委托，物化探所王学求研究员、姚文生博士出席IGCP科学执行局第38次会议。王学求研究员在闭门会议上就申请在物化探所建立"国际地

王学求研究员在IGCP科学执行局闭门会议上作报告

球化学填图研究中心”的背景、目标与意义、职能与任务、具备的能力和条件、基础设施建设规划、管理机制与管理机构、预算与来源等作了陈述报告，申请得到了国际地质科学联合会和国际地球科学计划科学执行局的积极响应，分别表示将全力支持在物化探所建立“国际地球化学填图研究中心”。

（2）联合国教科文组织代表来华对物化探所申请建立“国际地球化学填图研究中心”进行可行性评估：2010年11月5～10日，联合国教科文组织生态与地球科学部全球观测处负责人、国际地学计划（IGCP）秘书长罗伯特·米索顿博士来华，对申请在中国廊坊建立“联合国教科文组织国际地球化学填图研究中心”进行可行性评估。整个评估过程由3方面内容组成：野外现场考察全球地球化学基准网在中国的监控点；听取申请情况可行性报告；与国土资源部、中国UNESCO全委会等单位领导会见交流。中国地质科学院副院长、中国IGCP全国委员会秘书长董树文，物化探所名誉所长谢学锦院士，物化探所所长韩子夜以及物化探所申办工作小组负责接待与汇报工作。

米索顿博士对此次可行性调研评估给予肯定，并对具体申请步骤给出“路线图”，希望中方按照“路线图”完成申请材料准备工作及相关审批手续，力促2011年5月获UNESCO执行局会议通过，同年11月获UNESCO全体大会通过。

王学求研究员向中国常驻UNESCO大使衔代表师淑云介绍情况

实地考察物化探所

在陕西西安和山西平遥等地考察全球地球化学基准网在中国的监控点

董树文副院长和物化探所领导、专家会见Robert Missotten博士

2010 年度其他重要事件

德国美因茨大学阿尔弗雷德・柯若纳尔（Alfred Kröner）教授荣获 2010 年度中国政府“友谊奖”：经国家“友谊奖”评审委员会评审并报请国务院批准，由中国地质科学院推荐、国土资源部申报的德国美因茨大学阿尔弗雷德・柯若纳尔教授荣获 2010 年度中国政府“友谊奖”，这是由中国地质科学院推荐的第十位获此殊荣的外国专家。

张德江副总理为 Alfred Kröner 教授颁奖

授予德国美因茨大学维尔纳・穆勒（Werner Müller）教授中国地质科学院名誉研究员称号：2010 年 10 月 14 日授予德国美因茨大学维尔纳・穆勒教授中国地质科学院名誉研究员称号仪式在京举行。中国地质科学院党委书记、副院长王小烈宣读了《关于授予维尔纳・穆勒教授“中国地质科学院名誉研究员”的决定》，并为其颁发名誉研究员证书。穆勒教授因与中国地质科学院国家地质实验测试中心的卓越合作而获此称号。

与会领导和嘉宾合影留念

王小烈书记为 Müller 教授颁发名誉研究员证书

参观北京离子探针中心

接待加拿大蒙特利尔大学工学院学生代表团访问中国地质科学院：2010年12月7日，由加拿大蒙特利尔大学工学院嵇少丞教授带队的学生代表团一行11人到中国地质科学院访问，院党委书记、副院长王小烈会见加拿大学生代表团。上午举行了加拿大学生代表团欢迎见面会。加拿大学生代表团、中国地质科学院研究生代表、院国际合作处、研究生部、党群工作处、北京离子探针中心的相关人员30余人出席见面会。中加学生交替作自我介绍，形成良好互动，气氛轻松活跃；院国际合作处和研究生部分别就中国地质科学院和研究生部的基本情况作概要介绍；加拿大学生代表致辞，对中国地质科学院为此次接待工作的悉心安排和热情接待表示感谢；最后，北京离子探针中心就中心运行和仪器远程操控作简要介绍。

见面会后，中加学生共同参观了北京离子探针中心实验室和国土资源部大陆动力学实验室，了解高分辨二次离子质谱仪的运行和中国大陆科学钻探项目的研究情况，对中国地质科学院实验室仪器设备和科学研究工作有了较为形象的认识。

加拿大学生代表团此次来华地质与文化之旅为筹备中国地质科学院与蒙特利尔大学工学院联合野外地质实习项目打下良好开端，双方对项目的实施已达成初步合作意向，表示将商讨协议文本内容，争取尽快就具体细节问题达成共识。

王小烈书记与中加学生合影留念

中国地质科学院科学家 2010 年度在国际学术机构任职情况

姓名	职称	学术组织名称	职务	起止年限
曹建华	研究员	国际水文地质学家协会 岩溶水文地质专业委员会	委员	2009 年至今
丁悌平	研究员	国际纯化学和应用化学联合会无机化学部	执行委员	2007 ~ 2011
董树文	研究员	联合国教科文组织国际地球科学计划（IGCP）	科学执行局委员	2004 ~ 2010
高锦曦	研究员	国际大陆科学钻探委员会	执委会委员	2004 年至今
何师意	研究员	国际水文地质学家协会 岩溶水文地质专业委员会	委员	2009 年至今
侯增谦	研究员	国际应用矿床地质学会	副主席	2009 ~ 2011
姜光辉	副研究员	国际水文地质学家协会 岩溶水文地质专业委员会	副主席	2009 年至今
金小赤	研究员	国际地层委员会石炭系分会	投票委员	2004 年至今
		联合国教科文组织国际地球科学计划（IGCP）	科学执行局委员	2009 ~ 2012
		世界地质图委员会南亚和东南亚分会	副秘书长	2010 年至今
龙长兴	研究员	联合教科文组织世界地质公园网络执行局	委员	2010 年至今
罗立强	研究员	*X-Ray Spectrometry*	副主编	2003 年至今
		Journal of Radioanalytical and Nuclear Chemistry	副主编	2006 年至今
毛景文	研究员	国际矿床成因协会	副主席	2004 ~ 2012
			当选主席	2012 ~ 2016
		《矿床地质论评》	副主编	2002 年至今
聂凤军	研究员	《日本资源地质》	资深编委	2007 年至今
		联合国教科文组织国际地球科学计划（IGCP）	科学执行局委员	2009 ~ 2012
裴荣富	院士	国际矿床成因协会大构造与成矿专业委员会	副主席	1993 年至今
		国际矿床成因协会矿物共生专业委员会	副主席	1995 年至今
任纪舜	院士	世界地质图委员会（CGMW）	副主席	2004 年至今
石菊松	助理研究员	国际工程地质与环境协会新构造与地质灾害专门委员会	副秘书长	2008 年至今
孙　萍	副研究员	*Landslides*	编委	2009 年至今

续表

姓名	职称	学术组织名称	职务	起止年限
王 军	副研究员	国际地质科学联合会地球科学信息管理和应用委员会	委员	2010 年至今
王学求	研究员	国际应用地球化学家协会	理事	2004 年至今
		全球地球化学基准委员会	联合主席	2008 年至今
吴树仁	研究员	国际工程地质与环境协会新构造与地质灾害专门委员会	委员	2008 年至今
肖序常	院士	国际岩石圈委员会－喜马拉雅区（ILP–CC–1）	副主席	2002 年至今
谢学锦	院士	国际地球化学填图计划指导委员会	委员	1998 年至今
		全球地球化学基准委员会的分析委员会	委员	2008 年至今
许志琴	院士	发展中国家科学院	院士	2007 年至今
杨经绥	研究员	国际大陆科学钻探委员会	专家组成员	1998 年至今
杨振宇	研究员	国际地质科学联合会出版委员会	委员	2009 年至今
尹崇玉	研究员	国际地层委员会新元古代地层分会	投票委员	2008 ~ 2012
尹 明	研究员	*Journal of Geostandards and Geoanalysis*	编委	2006 年至今
袁道先	院士	国际水文地质学家协会 岩溶水文地质专业委员会	委员	1988 年至今
赵 越	研究员	国际南极科学委员会地学组	中国代表	2002 年至今
		国际工程地质与环境协会新构造与地质灾害专门委员会	委员	2008 年至今
章 程	研究员	国际水文地质学家协会 岩溶水文地质专业委员会	委员	2009 年至今
张荣华	研究员	《国际材料科学》	编辑	2006 年至今
		国际矿床成因协会工业矿物岩石委员会	副主席	1994 年至今
张永双	研究员	国际工程地质与环境协会新构造与地质灾害专门委员会	秘书长	2008 年至今
郑绵平	院士	国际盐湖协会	副主席	1994 年至今
		《国际盐湖体系》	编委	2006 年至今
朱祥坤	研究员	国际同位素与原子量委员会	委员	2005 ~ 2011

注：表中人名以汉语拼音为序。

8 研究生教育与博士后工作

中国地质科学院研究生教育和博士后工作，承担着为国家、部、局培养地球科学高级专业人才的任务。在地质学、地质资源与地质工程、化学、地球物理学、矿业工程 5 个一级学科招收培养研究生和博士后高层次专业人才。

研究生教育

2010 年中国地质科学院完成学位与研究生教育各项工作，招收博士研究生 35 名、硕士研究生 40 人，毕业博士生 31 人、硕士生 37 人，授予 31 名研究生博士学位、38 名研究生硕士学位。

2010 年中国地质科学院研究生教育工作，围绕提高人才培养质量这一核心任务，在招生、培养、就业等方面进行了一系列改革和探索：开展硕博连读招生工作、进行研究生野外实践教学、举办毕业生就业双选会、组织研究生登山比赛，扩大了优秀博士生生源，加强了研究生的野外实践能力训练，扩大了中国地质科学院研究生教育的影响，丰富了研究生的文化生活。中国地质科学院将不断完善培养机制，营造良好环境，为培养创新型人才创造条件。

研究生运动会

2010 年研究生分专业招生、毕业、学位授予情况表

专业名称	招生人数		毕业生人数		授予学位数	
	博士	硕士	博士	硕士	博士	硕士
分析化学	/	2	/	3	/	3
固体地球物理学	/	2	/	0	/	0
矿物学、岩石学、矿床学	8	9	6	8	6	8
地球化学	2	4	6	4	6	4
古生物学与地层学	2	3	2	1	2	1
构造地质学	11	7	8	6	8	7
第四纪地质学	0	2	0	2	0	2
矿产普查与勘探	4	1	5	4	5	4
地球探测与信息技术	2	1	1	2	1	2
地质工程	6	8	3	7	3	7
矿物加工工程	/	1	/	0	/	0
总 计	35	40	31	37	31	38

2010 年研究生招生方向：中国地质科学院在 8 个博士学位授权专业的 59 个研究方向、11 个硕士学位授权专业 58 个研究方向招收研究生。

1. 分析化学

- 金属矿床年代学 • 激光烧蚀等离子体质谱微区分析技术研究
- 石油地球化学分析

2. 固体地球物理学

- 深地震探测信息处理解释 · 地壳深部结构

3. 矿物学、岩石学、矿床学

• 天然气水合物 • 铜铅锌多金属成矿作用与找矿方向 • 金属矿床成矿规律 • 花岗岩与成矿 • 火山岩浆活动与成矿作用 • 成矿规律与成矿预测 • 区域成矿学 • 火山岩岩石学 • 矿床矿物学与成矿作用 • 南岭地区区域成矿规律 • 基性超基性岩及有关矿产 • 超高压变质作用及同位素年代学 • 变质地质学 • 金属矿床成矿作用与找矿评价 • 盆地沉积矿床 • 资源经济学 • 造山带变质地质

4. 地球化学

• 同位素年代学 • 构造地球化学 • 有机气体地球化学 • 勘查地球化

学 • 地质与生态 • 应用地球化学 • 行星矿物地球化学 • 生物地球化学 • 环境地球化学 • 生态环境地球化学 • 岩溶生态环境

5. 古生物学与地层学

• 生物地层学和古地理学 • 含油气盆地分析 • 储层沉积学
• 古脊椎动物学 • 沉积地质学

6. 构造地质学

• 造山带古残余洋盆及边缘叠合盆地研究 • 构造变形与造山作用研究 • 大地构造学 • 区域构造与成矿 • 矿田构造 • 区域地质 • 矿产地质 • 区域地质综合研究及地质矿产编图 • 大陆动力学 • 盆地构造与油气资源预测 • 区域地质与变形 • 活动构造与工程稳定性 • 活动构造与构造地貌 • 造山带的变质与变形作用 • 区域成矿规律研究 • 区域构造与新构造 • 区域构造与构造应力场 • 大陆构造变形 • 新构造与活动构造 • 构造变动与油气保存

7. 第四纪地质学

• 第四纪地质与环境

8. 矿产普查与勘探

• 层序地层学与油气预测 • 盐类矿床学与盐类综合利用
• 油气地质勘查 • 矿产资源评价与深部找矿

9. 地球探测与信息技术

• 大陆岩石圈探测与资源远景研究 • 深部资源探测
• 电磁法应用研究 • 地球物理信息处理 • 生态遥感应用与石漠化研究

10. 地质工程

• 岩土工程 • 地应力测量、构造应力场 • 岩体力学 • 土体工程及灾害防治 • 地下水可持续利用 • 城市环境地质或固体废物处置 • 地质灾害与矿山环境 • 岩溶工程地质 • 地下水有机污染 • 探矿工程(岩土钻掘工程) • 计算机在钻掘工程技术中的应用 • 区域地质环境演化 • 人类活动地质环境效应 • 地下水资源评价 • 水循环与水土资源利用 • 同位素水文地质 • 岩溶生态学

11. 矿物加工工程

• 矿物合成及吸附性能研究

中国地质科学院首次硕博连读研究生入学考核会

研究生野外实践教学

毕业研究生就业双选会

学位评定委员会主席李廷栋院士为博士生授予学位

程裕淇研究生奖及其他奖励

2010年雷敏等5名研究生获得“程裕淇优秀研究生奖”，黄浩等5名研究生获得“程裕淇优秀学位论文奖”，其中优秀学位论文奖获得者硕士研究生高利娥荣获首届“李四光优秀学生奖”荣誉。

2010年蔡志慧等6名研究生获得“优秀毕业生”荣誉称号，张洪瑞等24名研究生获得“三好学生”荣誉称号。

徐绍史部长为高利娥同学颁发“李四光优秀学生奖”荣誉证书

2010年程裕淇优秀学位论文名单

学位论文题目	作者	指导教师
滇西保山地块二叠纪䗴类与Shanita动物群（有孔虫）的生物地层学与古地理学研究	黄　浩	金小赤
赣南崇义－上犹地区与成矿有关中生代花岗岩类的研究及对南岭地区中生代成矿花岗岩的探讨	郭春丽	陈毓川
扬子地块周缘构造带中生代构造变形与演化	陈　虹	胡健民
藏南雅拉香波片麻岩穹窿的变质作用及其深熔事件的研究	高利娥	曾令森
富有机质地质样品Re-Os同位素研究及应用初探	李　超	屈文俊

程裕淇研究生奖管委会主任孟宪来（右五）、沈其韩院士（左四）和管委会委员为获奖研究生颁奖

肖序常院士（后排右四）、许志琴院士（后排左二）和赵文津院士（后排右三）为获得“优秀毕业生”及“三好学生”荣誉称号的研究生颁奖

博士后出站报告评审会

博士后工作

2010 年，中国地质科学院地质学、地质资源与地质工程两个博士后科研流动站共招收博士后 28 人，在站博士后 64 人，其中 1 人获得博士后科学基金二等资助金，经考核合格期满出站 9 人。地质学博士后科研流动站通过了人力资源和社会保障部、全国博士后管理委员会组织开展的合格评估。

2010 年博士后人才培养情况（截至 2010 年 12 月）

	流动站		总计
	地质学	地质资源与地质工程	
进站	18	10	28
在站	37	27	64
出站	5	4	9

企业博士后中期考核评审会

中国地质科学院 2010 年度工作会议

2010 年 3 月 30 ~ 31 日，中国地质科学院 2010 年工作会议暨党风廉政建设工作会议在京召开。会议认真学习了全国国土资源管理工作会议、全国地质调查工作会议、中国地质调查局工作会议精神，全面回顾了中国地质科学院 2009 年工作，以主动作为、提高地质科技创新能力和支撑服务能力为目的，精心部署了 2010 年工作。与会代表站在实现地质工作新跨越的高度，研讨了如何抓住机遇、主动作为、实现院所联动、有效推进工作等问题。此次会议是一次创新理念、理清思路、开拓创新、求真务实的大会。

国土资源部副部长、中国地质调查局党组书记、局长汪民出席会议并作重要讲话，他充分肯定了中国地质科学院 2009 年取得的各项工作成绩，从认清形势、切实担负起历史责任，建设一流的创新人才队伍，严肃财经纪律，发挥科技优势、创新工作思路，实现地质工作的新跨越等方面作出了重要指示。

朱立新常务副院长作了题为“抓住机遇、主动作为，为实现地质工作新跨越而努力奋斗”的工作报告，从贯彻落实李克强副总理重要讲话、开展地质找矿改革发展大讨论、科研和地调新进展、科技支撑和服务等 9 个方面回顾了 2009 年工作，简要分析了立足国内、提高资源能源保障能力的新形势和任务。从要求院属各单位全面总结“十一五”，精心谋划“十二五”等 6 个方面全面部署了 2010 年各项工作，并强调主动作为，院所联动，积极探索试行研究所科技创新绩效考核办法、院重大决策联席会议制度，研究制定创新科技人才引进办法，为院属单位提供优质服务，构建创新平台，提高研究所科技创新能力。

2010 年度工作会议

为入选 2009 年度十大科技进展的项目颁发证书

为 2009 年度院级先进单位颁发奖牌

会上，中国地质科学院院纪委书记王洁作了题为“惩防并举、注重预防，不断提升党风廉政建设工作科学化水平”的工作报告，总结了中国地质科学院 2009 年党风廉政建设取得的主要成绩，从完善廉政教育长效机制、完善反腐倡廉制度体系、加强监督检查、严肃查处违法违纪案件等 5 个方面部署了 2010 年全院反腐倡廉工作。

会议还对入选中国地质科学院 2009 年度的先进单位和十大科技进展的项目组进行了表彰；院与院属单位签订了党风廉政建设、安全生产、保密工作、社会治安综合治理责任书。

董树文副院长做了会议总结，对贯彻落实好部、局、院会议精神及汪民副部长和翟立新副司长在院工作会议上的重要讲话，主动服务、主动作为，做好工作部署等方面提出了具体要求。

第41个“世界地球日”向公众开放重点实验室

2010年4月22日，第41个“世界地球日”中国地质科学院重点实验室向公众开放。今年“世界地球日”的主题为“珍惜地球资源，转变发展方式，倡导低碳生活”。上午来自北大附小李四光中队、北师大附小、东四九条小学、中国地质大学、石油大学、北京工业大学以及附近社区的公众160多人参观了中国地质科学院大陆动力学重点实验室、同位素重点实验室、生态地球化学重点开放实验室、无机实验室、有机实验室、电子探针实验室和地层与古生物重点开放实验室等重点实验室。

实验室开放活动围绕地质与资源、地质与生命、地质与环境、地质与灾害等展开。参观者观看了大型仪器操作演示，实验室研究人员向参观者讲解了地学知识，回答大家提出的问题，实现了互动交流。本次活动宣传了地球科学服务社会的理念，普及了地学知识，提升了公众对地学的认知程度，提高了公众对资源国情的认识，增强了社会节约集约利用资源和保护生态环境的意识，同时，也提高了公益性科研单位的社会影响。

北大附小李四光中队参观地层与古生物重点开放实验室

北大附小李四光中队参观大陆动力学重点实验室

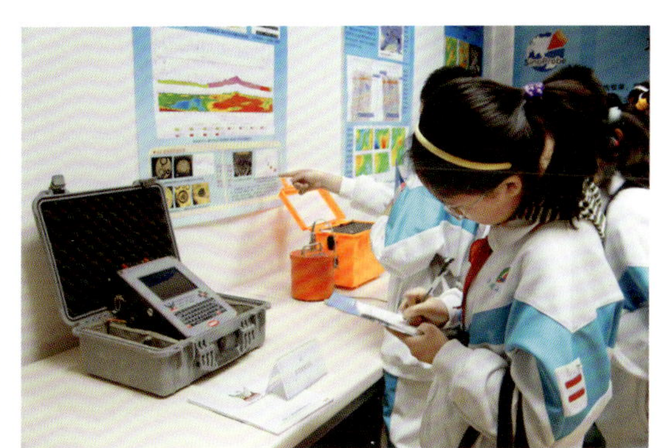

学生们在观看深部探测实验使用的野外设备并认真记录

第十届全国矿床会议开幕式

陈毓川院士与常印佛院士在会间亲切交谈

第十届全国矿床会议会场一角

组织召开第十届全国矿床会议

第十届全国矿床会议于2010年9月20～25日在长春胜利召开，会议由中国地质学会矿床地质专业委员会、吉林大学、中国地质科学院矿产资源研究所和国土资源部成矿作用与资源评价重点实验室等21个单位主办，吉林大学、中国地质科学院矿产资源研究所和国土资源部成矿作用与资源评价重点实验室承办。会议主题是“立足国内深挖潜力破解难题大幅提升我国矿产资源保障能力”。来自全国130个科研院所、高等学校、地勘单位和矿山企业等单位，800余代表共聚一堂，为深入探讨我国矿产资源潜力，快速实现找矿重大突破，提高矿产资源勘查开采水平，切实增强国内资源保障能力，破解资源瓶颈制约献计献策。参会人员覆盖老中青各个年龄段，显示了我国的矿产资源事业兴旺发达、后继有人。中国工程院院士陈毓川、裴荣富、赵文津，中国科学院院士李廷栋、翟裕生，全国矿产资源潜力评价项目办公室总工程师叶天竺等专家作了大会主题报告。中国地质科学院矿产资源研究所所长王瑞江主持了开幕式。

会议组委会共收到学术论文630余篇，挑选出576篇论文出版了《矿床地质》增刊。会议期间，300余名专家、学者、代表进行了大会和专题交流发言。会议从发言的学生中挑选出12篇优秀学生论文给予了表彰。会后安排了吉林长白山新生代火山地质地貌考察、辽宁鞍本地区BIF铁矿－弓长岭铁矿等4条野外考察路线，受到了与会专家的一致好评。会议经讨论通过下届会议在贵阳召开。

10 年度发表论文与出版期刊、专著

2010 年度发表论文和出版专著统计分析

2010 年全院共发表论文 801 篇，包括 SCI 与 EI 检索期刊论文 161 篇、ISTP 论文 3 篇、国外一般期刊论文 13 篇，国内核心期刊论文 497 篇，国内一般期刊论文 127 篇。2010 年与 2009 年相比，全院发表论文总数减少 5.1%，SCI 与 EI 检索期刊论文减少 5.3%，国内核心期刊论文减少 7.3%。2010 年出版专著数量 29 部，与 2009 年度基本持平。

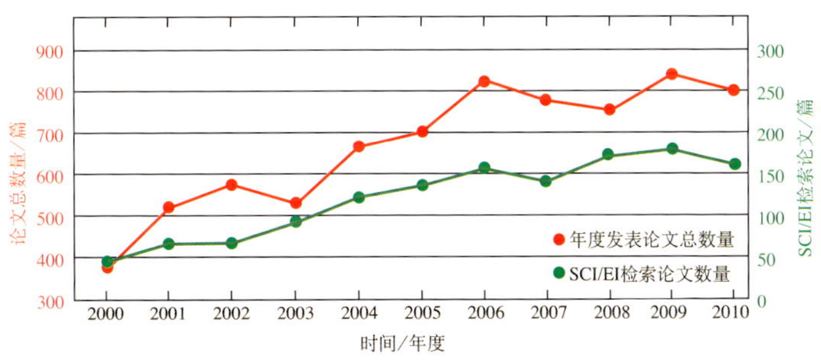

中国地质科学院年度发表科技论文对比图

中国地质科学院主办学术期刊及 2010 年度发表论文情况

中国地质科学院及挂靠学会主办了 9 种学术期刊，包括《地质学报（英文版）》、《地质学报（中文版）》、《地质论评》、《地球学报》、《矿床地质》、《岩石矿物学报》、《岩矿测试》、《中国岩溶》、《地质力学学报》。《地质学报（英文版）》为 SCI 检索刊物，《地质学报（中文版）》、《矿床地质》、《中国岩溶》、《地球学报》、《岩矿测试》为 CA 收录刊物，其他绝大部分院办学术期刊为中文核心期刊。

2010年在中国地质科学院基本科研业务费项目和“中国科协精品科技期刊工程”支持下，以中国地质科学院9个刊物为依托，中国地质科学院地学科技期刊集群化、数字化建设取得重要进展。一是中国地质科学院期刊网上办公系统陆续建成：中国地质科学院科技期刊初步实现期刊的集群化，部分刊物实现了网上投稿、审稿、退改办公手段现代化，并为刊物在内容查重、查新等方面奠定了基础，实现了期刊的网络化。二是“中国地学期刊网”使用效果显著：中国地学期刊网站（http://www.geojournals.cn/）目前已经成为国内地学界唯一的容纳期刊最多的网站，年点击率高达7265370次；网站还吸引了大批的海外读者，网站统计显示海外访客来自于美国、日本、德国、英国、澳大利亚、加拿大、俄罗斯、波兰、蒙古等10余个国家，国外访客的月点击率为4170次，网站海外显示度日益增加，突破了新语障。

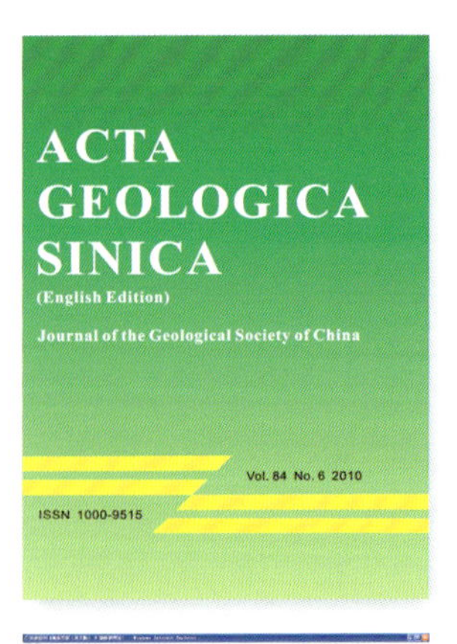

《地质学报》英文版

《地质学报(英文版)》(ACTA GEOLOGICA SINICA)：由挂靠中国地质科学院的中国地质学会主办，创刊于1922年，原名《中国地质学会志》；现为双月刊，现任主编为中国地质科学院赵逊研究员。刊物多次获得科技部、中宣部和新闻出版总署的表彰，入选2001年中国科技期刊方阵，自2006～2010年连续5年荣获中国科协A类精品期刊工程资助。近年来国际化进程步伐大大加快，连续被美国科技情报研究所的《科学引文索引》（SCI）、（CA）等10多家著名文摘或数据库选为源期刊。2010年公布《地质学报（英文版）》在JCR中，影响因子为1.172，引文频次为1382次。在被SCI收录的245种国际地质刊物中名列第142名，有110余种国际刊物引用《地质学报（英文版）》文章，引用2次以上的有70余种。2010年，英文版共刊发论文132篇，其中“973项目”论文43篇，“国家自然科学基金重大项目”论文10篇，刊发各类基金项目论文113篇，向世界展示了我国地质科研的重大突破和国际水平。2010年，新闻出版总署印发通知，公布“全国新闻出版行业第二批领军人才”选拔活动评选结果，全国国土资源系统共有3人入选新闻出版行业“国家队”，《地质学报》编辑部主任郝梓国同志获得此项殊荣。2010年本刊得到国家自然科学基金委员会“重点学术期刊专项基金”资助，标志期刊质量水平达到新的高度。

《地质学报（英文版）》http://www.geojournals.cn/dzxbcn/ch/index.aspx

《地质学报(中文版)》：由挂靠中国地质科学院的中国地质学会主办，其前身为《中国地质学会志》，是中国最早的科技期刊之一。它以反映中国地质学界在地质科学的理论研究、基础研究和基本地质问题方面的最新、最重要成果为主要任务，兼及新的方法和技术。《地质学报(中文版)》现为月刊，主编为中国地质科学院陈毓川院士。《地质学报(中文版)》多次获得科技部、中宣部和新闻出版总署的表彰，入选2001年中国科技期刊方阵，2005年获国家期刊奖，2006～2010年连续5年赢得“中国科协精品期刊工程”的B类资助，是国内外多家文摘或数据库的源期刊，在中国科技情报研究所的统计中影响因子、总被引频次等指标一直名列前茅。2010年度发表论文161篇，共1870页。2009年度影响因子为1.871，总被引频次为2747次，影响因子在全国6000余种科技期刊中位居第13位，在地质科学类排名第4位。表明本刊有良好的论文来源，吸引了广大的读者。

《地质学报(中文版)》http://www.geojournals.cn/dzxb/ch/index.aspx

《地质学报》中文版

《地质论评》：由挂靠中国地质科学院的中国地质学会主办，创刊于1936年；现为双月刊，主编为中国地质科学院地质研究所任纪舜院士。《地质论评》多次获得科技部、中宣部和新闻出版总署的表彰，入选2001年中国科技期刊方阵，2005年获国家期刊奖提名奖，2006年、2007年赢得“中国科协精品期刊工程”的C类资助，2009年度被评为中国百种杰出学术期刊。是国内外多家文摘或数据库的源期刊，在中国科技情报研究所的统计中影响因子、总被引频次等指标一直名列前茅，2009年度影响因子为1.470，总被引频次为2231次，影响因子位居中国6000余种科技期刊的第41位。2010年度共发表正式论文92篇，共计912页。另外，发表了7条“通讯资料”、15条中国地质学会或中国地质界的消息报道和3篇“新书评介”(后者是本刊70多年来的一贯栏目)。“通讯资料”栏目本年度发表了3位70多岁的老地质学家的经验总结，还有一篇中国抗日战争纪念馆历史学家写的中国地质学家在抗日战争中的贡献，都有很高的价值。

《地质论评》http://www.geojournals.cn/georev/ch/index.aspx

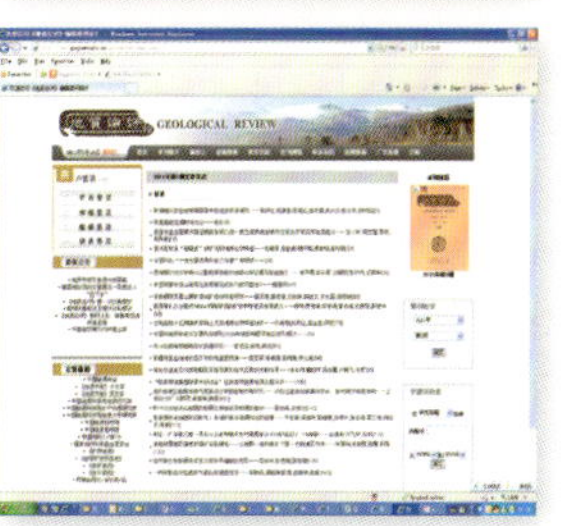

《地质论评》

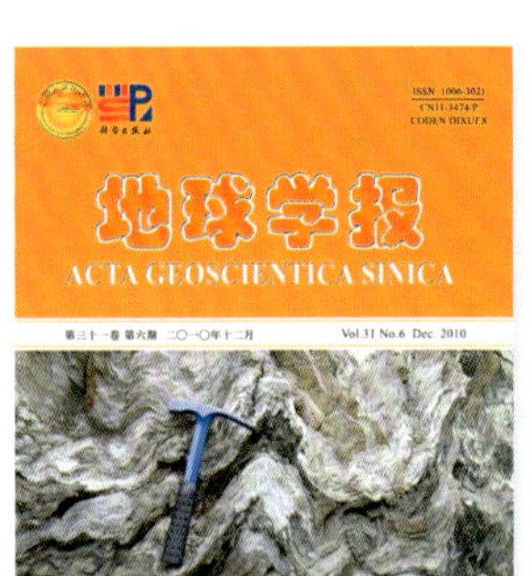

《地球学报》

《地球学报》：是中国地质科学院主办、科学出版社出版的双月学术期刊，是首批“中国精品科技期刊”，并进入 SCI 总被引频次 100 以上中国期刊排行榜。《地球学报》是中国科技核心期刊、全国自然科学核心期刊、全国中文核心期刊、中国科技论文统计源期刊、中国科技期刊精品数据库收录期刊、中国科学引文数据库核心库来源期刊。收录《地球学报》的国外著名检索系统有：波兰哥白尼索引，俄罗斯文摘杂志，美国化学文摘，美国剑桥科学文摘网站，美国 GeoRef 评论数据库，美国 ISI 引文，美国乌利希期刊指南，日本科学技术文献数据库和英国动物学记录。根据 2010 年中国科学技术信息研究所公布的中国科技期刊引证报告：2009 年，《地球学报》总被引频次 1192 次，影响因子 0.903，在全国 6000 余种科技期刊中影响因子排名第 145 位。

作为中国地质科学院树立其学术形象的重要窗口，《地球学报》力图充分展示中国地质科学院综合学术水平和科研竞争实力，2010 年刊载“中国地质科学院 2009 年度十大科技进展”全文 8 篇，同时刊载以“十大科技进展”为主线的封面照片和封面故事。2010 年《地球学报》共出版正刊 6 期，刊载论文 100 篇，报道各类信息快报 36 篇，共 896 页。另外出版增刊 1 期，载文 40 篇，共 93 页。

2010 年《地球学报》出版专辑两部。一部是中国地质科学院矿产资源研究所聂凤军研究员团队关于外蒙古金属矿床的专辑，刊载论文 18 篇，快报与信息 8 篇。另一部是中国地质科学院矿产资源研究所王安建、王高尚研究员团队关于“矿产资源需求理论、资源安全与可持续发展”专辑，刊载论文 21 篇，快报与信息 6 篇。2010 年编辑出版的增刊是“第三届国际翼龙学术研讨会会议论文集”，刊载国内、外论文 40 篇，主要以英文发表。在恐龙研究领域，近年来中国对处在演化过渡类型的达尔文翼龙等的发现和研究处于世界领先水平。为了充分展示这些成果，第三届国际翼龙学术研讨会选择在中国北京召开，《地球学报》编辑出版了这期增刊。《地球学报》同时发布网络电子版，在编辑部网站上实时提供免费全文浏览下载。

《地球学报》：http://www.cagsbulletin.com

《矿床地质》：由中国地质学会矿床地质专业委员会和中国地质科学院矿产资源研究所主办的双月刊，创刊于 1982 年。是中国唯一报道矿床学最新研究成果的期刊，内容包括矿床地质特征及与矿床有关的岩石学、矿物学、地球化学研究成果和科学实验成果及新技术、新方法。被 *Chemical Abstracts*、*CSA Technology Research Database*、*Реферативный журнал*（俄罗斯文摘杂志）、《中国期刊全文数据库》（CNKI）、《中国科学引文数据库》（CSCD）、《中文科技期刊全文数据库》、《数字化期刊 —— 期刊论文库》、《数字化期刊 —— 期刊引文库》、《中国地质文摘》、《全国报刊索引 —— 自然科学技术版》、《有色金属文摘》和《中国学术期刊文摘》等检索期刊及数据库收录。根据《中国科技期刊引证报告》和《中国学术期刊综合引证报告》，《矿床地质》在近几年科技期刊的影响因子排序中名列前茅。《矿床地质》2009 年的影响因子为 2.224，位居全国 6000 余种科技期刊第 8 名，总被引频次 1611 次。2010 年度发表论文 104 篇，共 1144 页。

《矿床地质》http://www.kcdz.ac.cn/ch/index.aspx

《矿床地质》

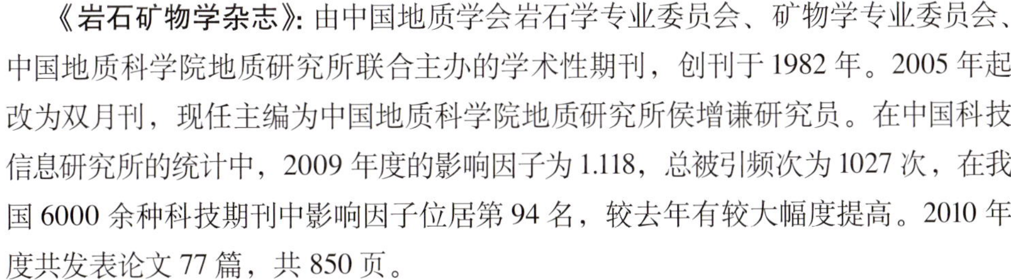

《岩石矿物学杂志》：由中国地质学会岩石学专业委员会、矿物学专业委员会、中国地质科学院地质研究所联合主办的学术性期刊，创刊于 1982 年。2005 年起改为双月刊，现任主编为中国地质科学院地质研究所侯增谦研究员。在中国科技信息研究所的统计中，2009 年度的影响因子为 1.118，总被引频次为 1027 次，在我国 6000 余种科技期刊中影响因子位居第 94 名，较去年有较大幅度提高。2010 年度共发表论文 77 篇，共 850 页。

2010 年初启动首届“岩石矿物学杂志优秀论文奖”的评选工作，并在十月底举行的“全国岩石学与地球动力学学术研讨会”上举行了颁奖仪式，既提升了刊物的学术影响力，也激励了年轻学者的工作热情；启动了出版系列专辑的计划，年初开始进行“中国北方造山系花岗岩演化及成矿意义”专辑的组稿工作，特约主编付出了很大的精力，严格把关，赶在全国岩石学会议召开之前出版了这期专辑并在会议上赠送，受到大家的一致好评。

《岩石矿物学杂志》http://www.yskw.ac.cn/

《岩石矿物学杂志》

《岩矿测试》

《岩矿测试》：是中国地质学会岩矿测试专业委员会和国家地质实验测试中心共同主办的分析测试技术科技期刊，创刊于1982年；曾获国家级优秀科技期刊奖三等奖、地质矿产部优秀科技期刊奖一等奖、北京市科技期刊四通杯全优期刊奖、中国科协优秀学术期刊奖三等奖，成为全国中文核心期刊、中国科技核心期刊、中国期刊方阵双效期刊。目前被美国《化学文摘》、中国学术期刊综合评价数据库等国内外15家文摘和数据库收录。在中国科技信息研究所的统计中，2009年度的影响因子为0.868，总被引频次为787次，在我国6000余种科技期刊中影响因子位居第166名，在88种“矿业工程”类期刊中排名第一（核心期刊14种），说明《岩矿测试》在国内相关科技期刊领域具有较强的竞争力。2010年度共发表论文170篇，共800页。

《岩矿测试》http://www.ykcs.ac.cn/ch/index.aspx

《中国岩溶》

《中国岩溶》：创刊于1982年，是中国地质科学院岩溶地质研究所主办的我国唯一公开出版的岩溶学术刊物，同时也是我国地学领域中最富学术影响力的科技期刊之一，曾多次被评为广西优秀期刊、中国期刊方阵“双效期刊”、中国科技核心期刊、全国中文核心期刊（2004年版），并被美国化学文摘（CA）、美国地质文献数据库（GeoRef）、荷兰《地学数据库》（GeoBase）、美国剑桥科学文摘（CSA）、日本科学技术振兴机构数据库（JST）、波兰哥白尼索引（IC）、美国乌利希国际期刊指南（UIPD）、及美国汤姆森Gale数据库、美国国会图书馆等国际著名的文献检索数据库收录。

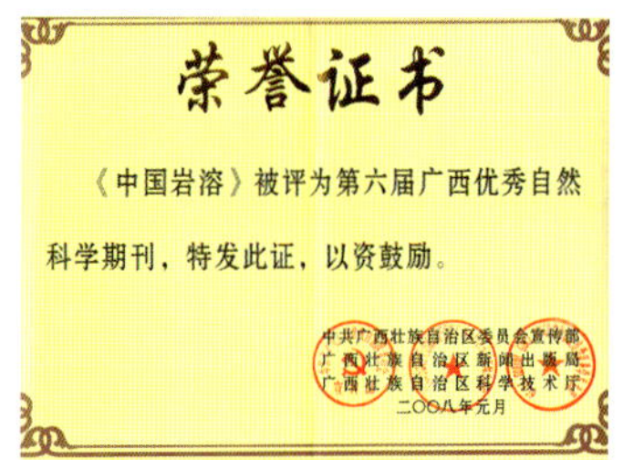

荣誉证书

《中国岩溶》被评为第六届广西优秀自然科学期刊，特发此证，以资鼓励。

中共广西壮族自治区委员会宣传部
广西壮族自治区新闻出版局
广西壮族自治区科学技术厅
二〇〇八年元月

据中国科技信息研究所统计，《中国岩溶》2009年度影响因子为0.562，总被引频次为600次，在我国6000余种科技期刊中影响因子位居第468名。2010年度《中国岩溶》共发表论文71篇、共462页，其中源自国家重大基础研究计划项目13篇、国际项目及中外合作项目6篇、国家自然科学基金项目17篇、国家科技支撑与攻关项目7篇，省、部级以上的攻关与基金项目论文比例超过80%。《中国岩溶》编排规范、加工精致，据广西新闻出版局2010年6～7月组织有关专家对《中国岩溶》的编校质量进行检查，差错率只有万分之零点二六，是广西科技期刊中编校质量最为过硬的期刊；同时也是新闻出版总署2007年出版形式规范化检查中首批出版形式规范化合格期刊。

《中国岩溶》http://www.karstjournal.ac.cn/ch/index.aspx

《地质力学学报》

《地质力学学报》: 1995 年创刊，是中国科技论文统计源期刊、中国科技核心期刊、中国学术期刊综合评价数据来源期刊、中国科技论文引文数据库的来源期刊、CNKI 中国知识基础设施工程中国学术期刊综合评价数据库（CAJCED）统计源期刊；还是“万方数据 — 数字化期刊群”全文上网期刊，被《中文科技期刊数据库》、《中国核心期刊（遴选）数据库》和 CNKI 中国知识基础设施工程中国期刊全文数据库（CJFD）全文收录。主要报道地壳运动与大陆地质构造及其动力机制等方面的前沿动态和基础理论研究成果，同时关注矿产资源、地质灾害调查与防治、环境变迁规律等方面的应用科研成果。刊物的引用率和影响力逐年提高，2009 年度的影响因子为 1.256，总被引频次为 481 次，在我国 6000 余种科技期刊中影响因子位居第 70 名。

《地质力学学报》http://journal.geomech.ac.cn/ch/index.aspx

中国地质科学院

地址：北京市西城区百万庄大街 26 号

邮编：100037

网址：http:///www.cags.ac.cn

联系电话：010-68335853

传真：010-68310894